Visual Basic 6.0 程序设计

主　编　　朱文婕

副主编　　张　钰　　陈玉娥

编　者　　张久彪　　陈春燕　　翟菊叶

北京师范大学出版集团
BEIJING NORMAL UNIVERSITY PUBLISHING GROUP
安徽大学出版社

内容简介

本教材紧扣全国高等学校计算机基础教学（考试）大纲编写。主要内容有：Visual Basic 程序设计概述、Visual Basic 可视化编程基础、Visual Basic 语言基础、Visual Basic 程序控制结构、数组、过程、界面设计、菜单设计、数据文件、图形操作、数据库应用基础等。

本书是初学者的入门教材，涵盖了 Visual Basic 程序设计语言的基本内容。本书配有大量例题和源代码，便于读者学习和理解。

图书在版编目(CIP)数据

Visual Basic 6.0 程序设计/朱文婕主编. —合肥:安徽大学出版社,2012.8
 ISBN 978-7-5664-0559-3

Ⅰ. ①V… Ⅱ. ①朱… Ⅲ. ①BASIC 语言－程序设计－高等学校－教材 Ⅳ. ①TP312

中国版本图书馆 CIP 数据核字(2012)第 192968 号

Visual Basic 6.0 程序设计 　　　　　　　　　　　朱文婕　主编

出版发行：北京师范大学出版集团
　　　　　安徽大学出版社
　　　　　（安徽省合肥市肥西路 3 号 邮编 230039）
　　　　　www.bnupg.com.cn
　　　　　www.ahupress.com.cn
经　　销：全国新华书店
印　　刷：合肥远东印务有限责任公司
开　　本：184mm×260mm
印　　张：16.75
字　　数：416 千字
版　　次：2012 年 8 月第 1 版
印　　次：2012 年 8 月第 1 次印刷
定　　价：29.00 元
ISBN 978-7-5664-0559-3

责任编辑:钟 蕾 蒋 芳　　　装帧设计:李 军　　　责任印制:赵明炎

序　言

　　Visual Basic(简称 VB)程序设计语言是美国微软公司推出的基于 Windows 平台的应用软件开发系统。从其诞生之日起，Visual Basic 程序设计语言就以其卓越的性能、简洁的程序设计风格、强大的数据库编程能力，受到了广大程序设计人员的喜爱，得到了迅速的推广和应用。Visual Basic 程序设计语言继承了 Basic 语言简单易学的特点，又引入了面向对象程序设计机制，巧妙地把 Windows 编程的复杂性封装起来，提供给用户的是一种可视化的程序设计界面，极大地提高了应用程序开发效率，降低了开发难度。作为目前较为理想的程序设计入门课程，Visual Basic 程序设计语言已被越来越多的高等学校引入计算机基础教学课堂。对于非计算机专业学生来说，通过 Visual Basic 的学习，能很好地帮助他们理解复杂的软件结构和 Windows 操作系统的工作模式。因此，为了提高非计算机专业学生的计算机应用能力和应用软件的初步开发能力，我们编写了这本教材。

　　本书按照"全国高等学校(安徽考区)计算机基础教育教学(考试)"大纲编写，目标是让学生通过学习掌握 Visual Basic 程序设计语言的基本概念、了解面向对象程序设计的基本原理和方法，培养开发应用程序的能力。

本书详细介绍了使用 Visual Basic 6.0 程序设计语言开发基于 Windows 平台的应用程序的基本概念、开发环境和步骤。本书主要内容包括：Visual Basic 6.0 程序设计基础知识、面向对象的概念、Visual Basic 6.0 的基本数据类型、控制结构、数组、过程、界面设计、文件操作、数据库编程等内容。为便于读者理解和巩固学习内容，本书配有大量的实例和源程序代码，每章还配有相应的习题。

本书共 11 章，由朱文婕、张钰、陈玉娥、张久彪、陈春燕、翟菊叶等编写。由于编写时间仓促，加之水平有限，难免会有疏漏之处，敬请批评指正。

本书在编写的过程中，得到了省内高校同行专家以及安徽大学出版社的大力支持和帮助，在此一并表示感谢！

编　者

2012 年 6 月

目　录

第 一 章
Visual Basic 程序设计概述

　　Visual Basic(简称 VB)是美国微软公司推出的基于 Windows 平台的应用软件开发系统,是一门可视化的、面向对象和采用事件驱动机制的高级程序设计语言,可用于开发 Windows 环境下的各类应用程序。本章是学习 Visual Basic 程序设计的入门章节,主要介绍 Visual Basic 的发展过程、主要特点、集成开发环境,并通过创建一个简单的 Windows 应用程序,让读者对 Visual Basic 有一个总体的了解。

1.1　Visual Basic 简介

1.1.1　Visual Basic 的发展过程

　　20 世纪 60 年代中期,美国 Dartmouth 大学的两位教授认为当时的编程语言(如 FORTRAN)都是为专业人员设计的,他们希望能为无经验的用户提供一种简单的语言。于是,在简化 FORTRAN 的基础上,他们研制出一种"初学者通用的符号指令代码" (Beginner's All-Purpose Symbolic Instruction Code),简称 BASIC。由于 BASIC 简单易用,在当时,几乎所有小型计算机和个人计算机都将它作为默认安装的软件,得到了广泛应用。

　　1988 年,微软公司推出了 Windows 操作系统。计算机界面由纯文字界面变成各种窗口和图标组成的图文并茂的图形用户界面(GUI,Graphic User Interface),使完全不懂计算机操作指令的用户也能通过鼠标点击、拖拽等简单动作来完成各种操作,从而深受广大用户的欢迎。但对程序员来说,开发一个基于 Windows 环境的应用程序工作量非常大,GUI 代码耗费了开发者的大量精力。可视化程序设计语言正是在这种背景下应运而生。

1991 年 Microsoft 公司推出的 Visual Basic 以可视化工具进行界面设计,以结构化 BASIC 语言为基础,以事件驱动为运行机制。它免去了编写 GUI 代码的繁琐工作,能用鼠标"画"出所需的用户界面,给 Windows 应用程序开发人员开辟了新的天地。

Visual Basic 从诞生至今,经历了多次升级。版本由 1991 年的 Visual Basic 1.0 到 1998 年的 Visual Basic 6.0,逐步丰富了用户控件,增强了多媒体、数据库、网络等功能。1998 年以后,微软公司又推出了 Visual Basic .Net(简称 VB .Net),Visual Basic .Net 不是 Visual Basic 的简单升级,而是能适应网络技术发展需要的新一代 Visual Basic,已演化成为完全的面向对象的程序设计语言。本书以 Visual Basic 6.0 为版本进行讲解。

1.1.2　Visual Basic 的特点

Visual Basic 是一种可视化的、面向对象和事件驱动的高级程序设计语言,可用于开发 Windows 环境下的各类应用程序。它简单易学、功能强大。Visual Basic 主要有以下特点:

1. 易学易用、功能强大的集成开发环境

Visual Basic 的集成开发环境集用户界面设计、代码编写、调试运行和编译打包等多种功能于一体,使用灵活方便。如 Visual Basic 支持自动语法检查、代码分色显示、支持对象方法及属性的在线提示帮助;提供的多种调试窗口(如监视窗口、立即窗口、对象浏览窗口等)更是为设计人员调试和检测程序带来极大方便。

2. 可视化的程序设计

Visual Basic 提供的可视化开发工具不但使开发人员能用鼠标"画"出对象,而且可以通过用户的鼠标拖移改变单个对象的外观和安排整个界面的布局。用户修改方便直观,效果立即展现。这种能够轻易实现的"所见即所得"的设计模式极大地方便了编程人员,提高了设计效率。

3. 事件驱动的编程机制

传统的面向过程的应用程序是按事先设计的流程运行的。Visual Basic 采用事件驱动的编程机制,代码不是按照预定的路径执行,而是在响应不同的事件时执行不同的代码。例如,命令按钮是编程过程中常用的对象,用鼠标单击命令按钮时,产生一个鼠标单击事件(Click),同时系统会自动调用执行 Click 事件过程,从而实现事件驱动的功能。可以说,整个 Visual Basic 应用程序是由许多彼此相互独立的事件过程构成的,这些事件过程的执行与否及执行顺序都取决于用户的操作。

4. 结构化的程序设计语言

Visual Basic 继承了 Basic 语言的所有优点,具有丰富的数据类型、众多的内部函数、简单易懂的语句,较强的数值运算和字符串处理能力;结构化的控制语句和模块化的程序设计机制;程序结构清晰,易于调试和维护。

5. 面向对象的程序设计思想

面向对象程序设计是伴随着 Windows 图形界面的诞生而产生的一种新的程序设计思想。所谓"对象"就是现实生活中的每一个可见的实体。在 Visual Basic 中,把程序和数据封装起来视为一个对象,每个对象都是可见的。

Visual Basic 的对象来源于经过调试可以直接使用的对象模板,这些对象存放在集成环境左侧的工具箱中,以图标的形式提供给编程人员。当编程人员用鼠标把一个对象类图标选中并拖到界面上时,Visual Basic 就给该对象赋予默认的属性,自动完成对象的建立,编程人员可不做任何修改而直接使用。

6. 强大的数据库功能

Visual Basic 具有强大的数据库管理功能。用户可以访问和使用多种数据库系统,如 Access、FoxPro 等;Visual Basic 提供了开放式数据连接(ODBC),用户可以通过直接访问或建立连接的方式使用并操作后台大型数据库,如 SQL Server、Oracle 等。另外,Visual Basic 的 ADO(Active Database Object)数据库访问技术不仅易于使用,而且占用内存少,访问速度更快。

除了上述 6 大功能特点外,Visual Basic 6.0 还具有动态数据交换(DDE)、对象连接与嵌入(OLE)、Internet 组件和向导、Web 类库、远程数据对象(RDO)、远程数据控件(RDC)和联机帮助等功能。用户使用 Visual Basic 6.0 可轻松开发集多媒体、数据库、网络等多种应用为一体的 Windows 应用程序。

1.1.3　Visual Basic 6.0 的 3 种版本

Visual Basic 6.0 包括如下 3 种版本:

学习版(Learning):Visual Basic 6.0 学习版是个人版本,具有建立一般 Windows 应用程序所需要的全部工具,包括所有的内部控件以及网格、选项卡和数据绑定控件。

专业版(Professional):Visual Basic 6.0 专业版为专业编程人员提供了一套功能完备的开发工具,除了包含学习版的全部功能外,还具有某些高级特性,如 ActiveX、IIS Application Designer、ADO 和 Internet 控件开发工具。

企业版(Enterprise):Visual Basic 6.0 企业版是最高级的版本,包括专业版的全部功能以及 BackOffice 工具,适用于企业用户开发分布式应用程序,是目前使用最多的版本。

本书以企业版为例介绍 Visual Basic 6.0。

1.2　集 成 开 发 环 境

Visual Basic 集成开发环境(Integrated Development Environment,IDE)是集界面设计、代码编写和调试、编译程序和运行程序于一体的工作环境。

1.2.1 Visual Basic 6.0 的启动与退出

1. Visual Basic 6.0 的启动

启动 Visual Basic 6.0 通常使用以下两种方法：

(1) 依次选择"开始"→"所有程序"→"Microsoft Visual Basic 6.0 中文版"命令，即可进入 Visual Basic 6.0 编程环境。

(2) 使用桌面快捷方式。如果没有建立桌面快捷方式，可进入 Visual Basic 6.0 安装目录，右击可执行程序(VB6.exe)，从弹出的快捷菜单中选择"发送到"→"桌面快捷方式"命令，则桌面上会出现相应的快捷方式图标，以后只需双击该快捷图标即可启动 Visual Basic 6.0。

2. Visual Basic 6.0 的退出

打开 Visual Basic 的"文件"菜单，选择其中的"退出"菜单项或者单击集成开发环境标题栏右侧的"关闭"按钮，即可退出 Visual Basic 6.0。

1.2.2 Visual Basic 集成开发环境简介

启动 Visual Basic 6.0 后，显示"新建工程"对话框，如图 1-1 所示。

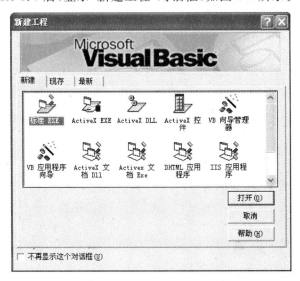

图 1-1 "新建工程"对话框

进入 Visual Basic 6.0 后，在如图 1-1 所示的窗口中列出了 Visual Basic 6.0 能够建立的应用程序类型，初学者只要选择默认的"标准 EXE"即可。另外在该窗口中还有三个选项卡：

(1) 新建：建立新工程。

（2）现存：选择和打开现有的工程。

（3）最新：列出最近使用过的工程。

单击"打开"按钮后就进入 Visual Basic 集成开发环境，如图 1-2 所示。

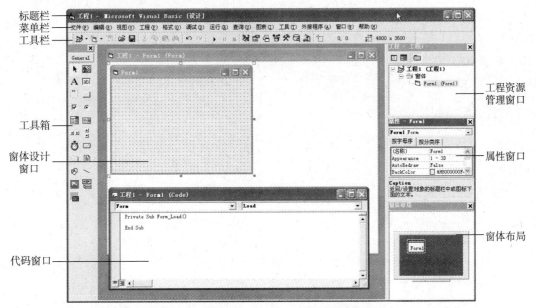

图 1-2　Visual Basic 6.0 集成开发环境

1.2.3　主窗口

主窗口位于整个开发环境的顶部，由标题栏、菜单栏和工具栏等组成。

1. 标题栏

启动 Visual Basic 6.0 后，标题栏中显示的是工程名、应用程序名和 Visual Basic 的工作模式，如图 1-3 所示。

工程名　　应用程序名，总是显示　程序设计状态，图中显示为"设计"状
　　　　　Microsoft Visual Basic　态，另外还有"运行"和"中断"状态

图 1-3　Visual Basic 标题栏

2. 菜单栏

Visual Basic 6.0 菜单栏包括 13 个菜单，均是程序开发过程中常用的菜单。

（1）文件：用于创建、保存、打开文件。在 Visual Basic 中文件有多种，常见的有工程文件（.vbp）、窗体文件（.frm）和模块文件（.bas）等。

（2）编辑：用于对程序代码进行剪切、复制、粘贴、撤销和删除等操作。

（3）视图：用于查看集成开发环境下程序源代码、控件。

（4）工程：用于对当前工程进行管理，包括添加窗体和模块等工程组件、显示当前工程的结构和内容等。

（5）格式：用于进行窗体控件的对齐等格式化操作。

（6）调试：用于程序的调试和查错。在使用 Visual Basic 编程时，遇到问题或出现错误是难免的，因此掌握正确的调试方法和调试步骤是对编程者的基本要求。Visual Basic 提供的调试方法包括设置断点，逐语句、逐过程调试，添加监视等。

（7）运行：用于进行程序启动、中断和停止等操作。

（8）查询：用于进行数据库表的查询及相关操作。

（9）图表：用于在设计数据库应用程序时编辑数据库的命令。

（10）工具：用于集成开发环境下工具的扩展。

（11）外接程序：用于为工程增加或删除外接程序。

（12）窗口：用于屏幕窗口的布局设置并列出所有已打开的文档窗口。

（13）帮助：帮助用户学习 Visual Basic 的使用方法和程序设计方法。

3．工具栏

工具栏以图标形式提供了部分常用菜单项的功能。如果想运行某一命令，只需要单击相应的按钮即可。当鼠标移动到某个按钮上时，系统会自动显示该按钮的名称和功能。显示或隐藏工具栏可以选择"视图"菜单的"工具栏"命令，或用鼠标在标准工具栏处单击右键，然后选取所需的工具栏。

图 1-4　标准工具栏

表 1-1 列出了"标准"工具栏中除常用编辑工具之外的一些图标的作用。

表 1-1　"标准"工具栏

图标	名　称	功　能
	添加工程	用来添加一个新的工程到工程组中，单击其右侧下拉箭头将弹出一个下拉菜单，可以从中选择想添加的工程类型
	添加窗体	向当前工程添加一个新的窗体、模块或自定义的 ActiveX 控件
	菜单编辑器	启动菜单编辑器进行菜单编辑
	启动	开始运行程序
	中断	中断当前运行的工程，进入中断模式
	结束	结束运行当前的工程，返回设计模式
	工程资源管理器	打开"工程资源管理器"窗口
	属性窗口	打开"属性"窗口
	窗体布局窗口	打开"窗体布局"窗口
	对象浏览器	打开"对象浏览器"窗口
	工具箱	打开"工具箱"窗口
	数据视图窗口	打开"数据视图"窗口
	可视化部件管理器	打开"可视化部件管理器"窗口

1.2.4　窗体窗口

窗体(Form)是设计应用程序时放置其他控件的容器,是显示图形、图像和文本等数据的载体。一个程序可以拥有多个窗体窗口,每个窗体窗口必须有一个唯一的窗体名字,建立窗体时默认名字为 Form1,Form2,……

处于设计状态的窗体由网格点构成,网格点方便用户对控件进行定位,改变网格点间距的方法如下:选择"工具"菜单的"选项"命令,在"通用"标签的"窗体设置网格"中输入"高度"和"宽度"。程序运行时,窗体的网格不显示。

1.2.5　属性窗口

属性(Property)是用来描述 Visual Basic 窗体和控件特征的,例如标题、大小、位置和颜色等。属性窗口如图 1-5 所示,主要由以下几个部分组成:

图 1-5　属性窗口

(1) 对象下拉列表框:显示当前窗体及窗体中全部对象的名称。
(2) 属性显示方式:按照字母顺序或者按分类顺序。
(3) 属性列表框:分为两栏,左边一栏显示属性名称,右边一栏显示对应属性的当前值。
(4) 属性说明框:当在属性列表框选取某属性时,在该区显示所选属性的名称和功能。

1.2.6　工程资源管理器窗口

在 Visual Basic 中,把一个应用程序视为一项工程,用创建工程的方法来创建一个应用程序,用工程资源管理器来管理一个工程。

工程资源管理器窗口显示了组成这个工程的所有文件,如图 1-6 所示。工程资源管理器中的文件可以分为 6 类,即窗体文件(.frm)、程序模块文件(.bas)、类模块文件(.cls)、工程文件(.vbp)、工程组文件(.vbg)和资源文件(.res)。

图 1-6　工程资源管理器窗口

1. 工程文件和工程组文件

工程文件的扩展名为.vbp,每个工程对应一个工程文件。当一个程序包括两个以上的工程时,这些工程构成一个工程组,工程组文件的扩展名为.vbg。

2. 窗体文件

窗体文件的扩展名为.frm,一个应用程序至少包含一个窗体文件。窗体文件存储用户界面、各控件的属性及程序代码等。

3. 标准模块文件

标准模块文件也称为程序模块文件,其扩展名为.bas。该文件存储所有模块级变量和用户自定义的通用过程,可以被不同窗体的程序调用。标准模块是一个纯代码性质的文件,它不属于任何窗体,主要在大型应用程序中使用。

4. 类模块文件

Visual Basic 6.0 提供了大量预定义的类,同时也允许用户根据需要定义自己的类。用户可以通过类模块来定义自己的类,每个类都用一个文件来保存,其扩展名为.cls。

5. 资源文件

资源文件中存放的是各种“资源”,是一种可以同时存放文本、图片、声音等多种资源的文件。资源文件由一系列独立的字符串、位图及声音文件等组成,其扩展名为.res。

除了上面几种文件外,在工程资源管理器窗口的顶部还有 3 个按钮,分别为“查看代码”按钮▤、“查看对象”按钮▣和“切换文件夹”按钮▢。“查看代码”按钮可以查看选中对象的代码;“查看对象”按钮用来查看选中对象的界面;“切换文件夹”按钮决定工程中的列表项是否以树形目录的形式显示。

注意:

在工程资源管理器窗口中,括号内是工程、窗体、标准模块的存盘文件名,括号左边表示此工程、窗体、标准模块的名称(即 Name 属性,在程序的代码中使用)。有扩展名的表示文件已保存过,无扩展名的表示当前文件还未保存。

1.2.7 代码编辑器窗口

用户图形界面设计完毕后,第二阶段的工作是针对要响应用户操作的对象编写程序代码。在 Visual Basic 中,专门为程序代码的书写提供了一个代码编辑窗口,如图 1-7 所示。代码窗口一般是隐藏的,可以通过选择“视图”→“代码窗口”命令激活,也可以通过单击“工程资源管理器”窗口中的“查看代码”按钮激活,还可以直接双击“窗体设计器”窗口中任意对象激活代码窗口。

代码窗口最上面一行为标题栏。下面有两个下拉列表框,左边的列表框列出了该窗体及窗体上的所有对象的名称,右边的列表框列出了当前选中对象可以响应的所有事件。当选定了一个对象和对应的事件后,会自动产生事件过程框架,接下来就可在事件过程框架中编写实现具体功能的程序代码。

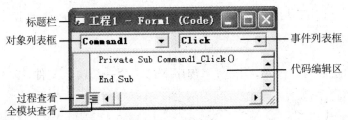

图 1-7　代码窗口

例 1.1 试编程实现:当用户单击窗体 Form1 时,在窗体上显示"Welcome to VB!"。

分析:用户单击的对象是窗体 Form1,单击的结果是在窗体上显示一行字符串信息。因此,需要针对窗体对象编程;而信息是在单击事件发生后显示,因而应对窗体对象的单击事件编程。

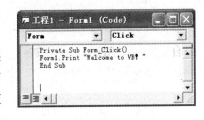

图 1-8　事件过程代码的编写

双击窗体打开代码编辑窗口,代码如图 1-8 所示。

代码编写完毕后,按热键 F5 或按"启动"按钮▶运行应用程序。若要结束程序的运行,可单击工具栏上的"终止运行"按钮■或直接单击窗体右上角的⊠按钮。

1.2.8 工具箱

工具箱窗口通常位于 Visual Basic 集成开发环境的左侧,其中含有许多可视化的控件。用户可以从工具箱中选取所需的控件,并将它们添加到窗体中,以绘制所需的图形用户界面。

标准工具箱窗口由 21 个被绘制成按钮形式的图标所构成,窗口中有 20 标准控件,如图1-9 所示。

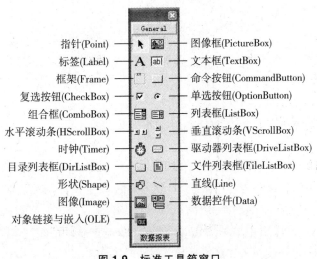

图 1-9　标准工具箱窗口

注意：

（1）指针不是控件，仅用于移动窗体和控件，或调整它们的大小。用户可以通过选择"工程"菜单的"部件"命令来装入 Windows 中注册过的其他控件到工具箱。

（2）Visual Basic 6.0 集成开发环境的用户界面中所有窗口都是浮动的，用户可以移动其位置、改变其大小等。若浮动窗口被关闭了，用户可从"视图"菜单中执行相应命令，再次打开窗口。

1.3 创建 Visual Basic 应用程序的过程

前面简单介绍了 Visual Basic 集成开发环境及各个窗口的作用，下面通过一个实例来说明 Visual Basic 应用程序的建立过程。用 Visual Basic 开发应用程序一般有如下几个步骤：

（1）建立用户界面。

（2）设置对象属性。

（3）编写事件驱动的程序代码。

（4）运行和调试程序。

（5）保存工程和窗体。

例 1.2 编程实现：程序开始运行时，窗体上的文本框显示"欢迎使用 VB 程序"；当用户单击窗体时，文本框显示"你单击了窗体"；当用户双击窗体时，文本框显示"你双击了窗体"；单击"退出"按钮，终止程序运行。运行界面如图 1-10 所示。

图 1-10　例 1.2 程序运行界面

1.3.1　设计用户界面

用户界面是 Visual Basic 应用程序的一个重要组成部分。用户界面的作用主要是为用户提供一个输入/输出数据的界面。

在设计用户界面前需要新建一个工程，这是创建应用程序必需的步骤。通过选择"文件"菜单中"新建工程"命令来建立一个工程，然后在窗体上设计用户界面。

例 1.2 共涉及 3 个控件对象：一个标签（Label）、一个文本框（TextBox）、一个命令按钮（CommandButton）。标签用来显示信息，不能进行数据的输入；文本框用来输入数据，也可用于显示数据；命令按钮用来执行有关操作。

1.3.2　设置控件对象属性

对象建立好后,就要根据需要为其设置属性值。属性是对象特征的表示,各类对象都有默认属性值。设置属性的方法如下:

用鼠标选中一个对象,此时属性窗口中显示该对象的所有属性,在属性窗口的左列中选定属性名,即可在右列中修改属性值。

本例中各控件对象的有关属性设置如表 1-2 所示,设置后的用户界面如图 1-11 所示。

表 1-2　对象属性设置

控件名(**Name**)	相关属性
Form1	Caption:例 1.2
Label1	Caption:单击或双击窗体观察界面变化
Text1	Text:欢迎使用 VB 程序
Command1	Caption:退出

图 1-11　例 1.2 设计界面

注意:

(1) 要建立多个相同性质的控件,不能通过复制的方式,应逐一建立。

(2) 若窗体上各控件的字体、字号等属性要设置成相同的值,不需要逐个设置,只要在建立控件前将窗体的字体、字号等属性设置好,以后建立的控件都会将该属性值作为默认值。

1.3.3　编写程序代码

界面设计完,用户就要考虑用什么事件来激活对象所需的操作,这就涉及对象事件的选择和事件过程代码的编写。编写代码可在代码编写窗口中进行。

Visual Basic 的编程机制是事件驱动,所以用户在编写代码前必须选择好对象和事件。代码编辑窗上部有两个下拉列表,左边列出了该窗体的所有对象(包括窗体),右边列出了与左边选中对象相关的所有事件。当分别选中对象及事件后,系统自动将选定的事件过程框架显示到代码编辑窗口中。本例的事件代码如图 1-12 所示。

图 1-12　代码窗口和输入的程序代码

1.3.4　运行调试程序

应用程序创建完,用户可单击工具栏上的"启动"按钮或按 F5 键运行程序。

Visual Basic 通常会对程序先编译,检查是否存在语法错误。当存在语法错误时,则显示错误提示信息,提示用户进行修改。如图 1-13 所示是 Visual Basic 弹出的常见提示窗口,给出了错误类型并提示用户进行调试。操作时单击"调试"按钮,系统会自动将光标定位到出错的语句行。如图 1-14 所示。

图 1-13　系统报错　　　　　图 1-14　按"调试"后,系统定位在出错位置

对于初学者而言,所编的程序很少能一次运行通过,难免会出现这样或那样的错误,因此初学者应学会如何发现并改正错误。

1.3.5　保存程序并生成可执行文件

用户在创建完成程序后应将其保存到磁盘上,以免意外丢失。

1. 保存工程

在 Visual Basic 中,应用程序以工程文件的形式保存在磁盘上。一个工程文件涉及多种文件类型,如窗体文件(.frm)、标准模块文件(.bas)、类模块文件(.cls)、工程文件(.vbp)。这四种文件中,工程文件和窗体文件是必不可少的两种。保存文件有先后次序,先保存窗体文件、标准模块文件等,最后才保存工程文件。

这里只介绍窗体文件和工程文件的保存方法。

(1)保存窗体文件。选择"文件"→"保存 Form1"命令或直接单击工具栏上的"保存"按钮,Visual Basic 自动打开"文件另存为"对话框,输入保存的文件名,选择保存的路径,如图 1-15所示。

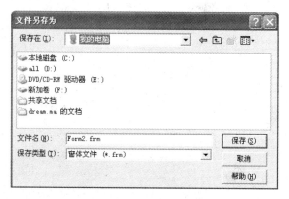

图 1-15　"文件另存为"对话框

（2）保存工程文件。与保存窗体文件类似,选择"文件"→"工程另存为"命令,在打开的"工程另存为"对话框中选择保存的位置,输入文件名。需要注意的是保存工程文件仅仅是保存该工程所需的所有文件的一个列表,并不保存用户图形界面和程序代码。因此,保存工程时,不能只保存工程文件,而忽略了对窗体文件的保存。

2. 生成可执行文件

Visual Basic 程序的执行方式有两种:解释方式和编译方式。在 Visual Basic 集成开发环境中程序是以解释方式运行的,即对源文件逐句进行翻译和执行。这种方式便于进行程序的调试和修改,但运行速度慢。如果要使程序脱离 Visual Basic 集成开发环境,直接在 Windows 下运行,必须将源程序编译为二进制的可执行文件,这可以通过"文件"→"生成文件名.exe"命令实现。

习　题　一

一. 选择题

1. 与传统的程序设计语言相比,Visual Basic 最突出的特点是_____。
   A. 结构化程序设计　　　　　　　　B. 程序开发环境
   C. 事件驱动编程机制　　　　　　　D. 程序调试环境

2. 以下关于保存工程说法正确的是_____。
   A. 保存工程时只保存工程文件即可
   B. 保存工程时只保存窗体文件即可
   C. 先保存工程文件,再保存窗体文件
   D. 先保存窗体文件,再保存工程文件

3. 在设计阶段,当双击窗体上的某个控件时,所打开的窗口是_____。
   A. 工程资源管理器窗口　　B. 工具箱窗口　　C. 代码窗口　　D. 属性窗口

4. Visual Basic 可视化编程有三个基本步骤,这三步依次是_____。
   A. 创建工程,建立窗体,建立对象　　　B. 创建工程,设计界面,保存工程
   C. 建立窗体,设计对象,编写代码　　　D. 设计界面,设置属性,编写代码

5. 代码窗口中的注释行使用的标注符号是_____。
   A. 单引号　　　　　B. 双引号　　　　　C. 斜线　　　　　D. 星形号

6. 以下叙述中正确的是_____。
   A. 窗体的 Name 属性用来指定窗体的名称,标识一个窗体
   B. 窗体的 Name 属性的值是显示在窗体标题栏中的文本
   C. 可以在运行期间改变对象的 Name 属性的值
   D. 对象的 Name 属性值可以为空

7. 在 Visual Basic 中最基本的对象是_____,它既是应用程序的基石,也是其他控件的容器。
   A. 文本框　　　　　B. 命令按钮　　　　C. 窗体　　　　D. 标签

8. 以下叙述中错误的是_____。

A. 一个工程可以包括多种类型的文件

B. Visual Basic 应用程序既能以编译方式执行,也能以解释方式执行

C. 程序运行后,在内存中只能驻留一个窗体

D. 对于事件驱动型应用程序,每次运行时的执行顺序可以不一样

二. 填空题

1. Visual Basic 6.0 用于开发_____环境下的应用程序。

2. Visual Basic 6.0 采用的是_____驱动的编程机制。

3. 在 Visual Basic 6.0 集成开发环境中,选择"运行"→"启动"命令或按下_____功能键,都可以运行工程。

4. 在 Visual Basic 6.0 的工程中,工程文件的扩展名是_____。

5. Visual Basic 6.0 对象的 Name 属性是字符串类型,它是对象的_____。

6. 在 Visual Basic 6.0 集成开发环境中,建立第一个窗体的默认名称是_____。

7. Visual Basic 6.0 程序执行时等待事件的发生,当对象上发生事件后,执行相应的事件过程,这便是采用_____的方法。

8. MSDN 是 Visual Basic 6.0 的_____系统。

9. 在 Visual Basic 6.0 集成开发环境中,要修改窗体的标题,需设置对象的_____属性。

10. 用 Visual Basic 6.0 设计的应用程序,保存后窗体文件的扩展名是_____。

三. 简答题

1. Visual Basic 6.0 有什么特点?

2. Visual Basic 6.0 有哪几个版本?

3. 建立 Visual Basic 6.0 程序的一般方法是什么?

4. Visual Basic 6.0 源代码出现红字说明什么?

5. 怎样生成 Visual Basic 6.0 的可执行程序?

四. 操作题

1. 设计一个窗体,窗体的标题为"VB 程序设计",运行程序时,单击窗体使窗体的标题变为"学习 VB 程序设计"。

2. 设计一个窗体,窗体的标题为"VB 程序设计",运行程序时,单击窗体后,在窗体上输出"学习 VB 程序设计"。

第二章

Visual Basic 可视化编程基础

可视化界面是 Visual Basic 应用程序的重要组成部分，Visual Basic 应用程序的大多数功能都通过可视化界面来实现。Visual Basic 提供了基于对象的可视化编程工具，本章主要介绍可视化编程中涉及的一些基本概念、窗体、常用控件，以及界面设计的方法。

2.1 可视化编程的基本概念

2.1.1 对象和类

1. 对象

对象是指现实世界中存在的各种各样的实体。对象可以是具体的事物，也可以是抽象的事物。例如，一辆汽车、一个人、一台计算机、您正在看的这本书等都是对象。每个对象都有自己的特征、行为和发生在该对象上的一切活动。例如，以某个人作为对象，该对象具有身高、体重、性别等特征，具有起立、行走、说话等行为，外界会在该对象上作用各种活动，如被雨淋、被领导批评等。

我们把对象所拥有的特征称为属性，对象的行为称为方法，作用在对象身上的活动称为事件。对象是构成程序的基本成分和核心部件，属性、方法、事件构成了对象的三个要素。

2. 类

类就是具有相同性质、执行相同操作的对象的集合。类是一个抽象的描述，如人类是"人"的抽象。人们常说的汽车、飞机和动物这些都是类的概念，而一辆"奇瑞汽车"、一架

"A-320 飞机"、一只"猫"就是上述类的一个实例,即对象。

在面向对象程序设计中,类是创建对象的模板,对象是类的一个实例。Visual Basic 中的类可以分成两种:一种是由系统设计,直接供用户使用的类;另一种是由用户自己定义的类。本书仅涉及前者。在 Visual Basic 中,工具箱上的可视图标是 Visual Basic 系统的标准控件类,例如,文本框类、命令按钮类、标签类等。

当用户在窗体上添加一个控件时,就是将类实例化为对象,即创建了一个控件对象。除了利用控件类产生控件对象外,Visual Basic 还提供了系统对象,例如打印机、屏幕、应用程序以及数据库等。

2.1.2　对象的属性、事件、方法

每个控件对象都具有自己的属性、事件、方法。如图 2-1 所示。

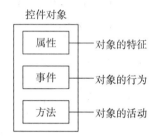

图 2-1　对象的三要素

1. 对象的属性

每个对象都具有一组特征,即具有某些属性,对象中的数据就保存在这些属性中,描述和反映对象的特征。有许多属性可能为大多数对象所共有,例如,Name(名称)、Caption(标题)、Height(高度)、BackColor(背景色)等;也有一些属性只局限于个别对象,如计时器的 Interval 属性、命令按钮的 Cancel 属性等。

设置对象的属性一般有两种方法:

(1) 在设计阶段利用属性窗口设置对象属性。

首先选定对象,然后在属性窗口中找到相应的属性直接设置。这种方法简单明了,但是不能设置所有需要的属性。

(2) 在代码中通过赋值语句编程设置,其格式为:

对象名.属性名＝属性值

例如,要使窗体 Form1 的标题改为"例题",可以直接选定 Form1 设置 Caption 属性,也可以通过在代码窗口中添加一行语句来实现:

Form1.Caption＝"例题"

2. 对象的事件

事件(Event)就是对象上所发生的事情。在 Visual Basic 中,事件是预先定义好的、能够被对象识别的动作,如单击(Click)事件、双击(Dblclick)事件、装载(Load)事件、获取焦点(GotFocus)事件等,不同的对象能识别不同的事件。当事件发生时,Visual Basic 将检测两条信息:发生的是哪种事件,哪个对象接收了该事件。

当在对象上发生了事件后,应用程序就要处理这个事件,处理的步骤称为事件过程。事件过程是一段独立的程序代码,对象检测到某个特定事件时执行这些代码。一个对象可以响应一个或多个事件,因此可以使用一个或多个事件过程对用户或系统的事件做出响应。

Visual Basic 事件过程的一般格式如下:

Private Sub 对象名_事件名()

　　　　……　　　　　　　　　　　　　'事件过程代码

End Sub

其中，Sub 是定义过程开始的语句，End Sub 是定义过程结束的语句，关键字 Private 表示该过程是私有的。

> **注意：**
>
> 对象名应该与对象的 Name 属性的值一致。

下面是一个命令按钮的事件过程，作用是在窗体上显示一行文本"欢迎使用 Visual Basic"。

Private Sub Command1_Click()

　　　Print "欢迎使用 Visual Basic"

End Sub

3. 对象的方法

Visual Basic 中的对象除了拥有自己的属性和事件之外，还拥有属于自己的方法（Method）。方法是附属于对象的行为和动作，也可以理解为指使对象动作的命令。Visual Basic 中，方法实际上是为程序设计人员提供的一种特殊的过程或函数，用来完成一定的操作或实现一定的功能，这些通用的过程和函数已被系统编写好并封装起来，作为方法供用户直接调用。方法是面向对象的，所以在调用时一定要指明对象。

对象方法调用格式如下：

[对象名.]方法名[参数名表]

若省略了对象，表示为当前对象，一般为窗体。

例如：在窗体中打印"欢迎使用 Visual Basic "字样，窗体可通过调用 Print 方法来完成操作：

　　　Form1.Print "欢迎使用 Visual Basic"

> **注意：**
>
> 每一种对象所能调用的方法是不完全相同的。

2.2　通用属性

所谓通用属性，是指窗体和大部分控件所共同具有的属性。在这一小节里介绍的通用属性，在后面将不再介绍。

1. Name 属性

Name 是所创建的控件的名称，是所有控件都具有的属性。在创建一个控件时，Visual Basic 都会为其自动提供一个默认名称，例如 Form1、Text1、Label1、Command1 等，如图 2-2 所示。当然，用户也可以根据需要更改控件的名称。控件的名称是作为对象的标识在程序中被引用，不会显示在窗体上。

2．Caption 属性

Caption 属性返回或设置控件上显示的文本。该属性的默认值与控件的默认名称相同，如图 2-2 所示。

注意：

不要将它与 Name（名称）属性混淆。

3．Left、Top、Height、Width 属性

几乎所有的可视控件都具有这几个属性，决定了控件的大小和位置，单位是 Twip（缇）。

Left 和 Top 返回或设置控件距容器左边界和顶边界的距离，Height 和 Width 返回或设置控件的高度和宽度，它们决定了控件在容器中的位置。所谓容器，是指当控件包含在窗体或另一个控件之内时，窗体和另一个控件称为该控件的容器。如窗体、框架（Frame）、图片框（PictureBox）或选项卡（SSTab）控件都可以成为其他控件的容器。

例如，在窗体上建立了一个命令按钮，在属性窗口中进行如图 2-3 所示的设置。

图 2-2　控件名称和标题属性窗口

图 2-3　控件位置属性窗口

4．Font 属性组

返回或设置控件的文字外观，属性对话框如图 2-4 所示。

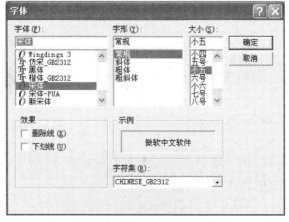
图 2-4　设置文字字体对话框

其中,FontName(字体名称)属性是字符型;FontSize(字体大小)属性是整型;FontBold(是否加粗)、FontItalic(是否斜体)、FontStrikethru(是否加删除线)、FontUnderline(是否加下划线)等属性是逻辑型。

例2.1 在窗体上添加三个命令按钮和一个文本框,分别设置文本框中文本的字体。效果如图2-5所示,事件代码如下:

图2-5 例2.1运行界面

```
Private Sub Command1_Click()
    Text1. FontName="黑体"
End Sub
Private Sub Command2_Click()
    Text1. FontBold=Not Text1. FontBold
End Sub
Private Sub Command3_Click()
    Text1. FontSize=24
End Sub
```

5. ForeColor、BackColor 属性

这两个属性是用于返回或设置控件显示文本和图形的前景色(ForeColor)、背景色(BackColor),其值是一个十六进制常数。

颜色属性在设计模式利用"属性"窗口打开"颜色"对话框,用户可以在调色板中直接选择所需要的颜色。在程序代码中可以使用以下方法定义颜色值。

(1) 使用 RGB 函数。RGB 函数有三个参数,分别对应红、绿、蓝三种颜色,参数的取值均在 0~255。每一种可视的颜色,都是由这三种主要颜色调和产生的。例如:

 Text1. ForeColor=RGB(255,0,0)   '设置文本框前景为红色

(2) 使用 Visual Basic 内部提供的颜色常量。为了便于记忆,Visual Basic 内部定义了颜色常量,共有 8 种主要颜色:黑色(vbBlack)、红色(vbRed)、绿色(vbGreen)、黄色(vbYellow)、蓝色(vbBlue)、紫红色(vbMagenta)、青色(vbCyan)和白色(vbWhite)。这些常量可以直接使用,例如:

 Text1. BackColor=vbBlue   '设置文本框背景为蓝色

例2.2 在窗体上添加两个命令按钮和一个文本框,分别设置文本框中文本的前景色为白色,背景色为蓝色,效果如图2-6所示,事件代码如下:

图2-6 例2.2运行界面

```
Private Sub Command1_Click()
    Text1. ForeColor=RGB(255,255,255)
End Sub
Private Sub Command2_Click()
    Text1. BackColor=vbBlue
End Sub
```

6. Enabled 属性

返回或设置一个控件是否可以使用,属性值为逻辑型。

(1) True:允许用户进行操作,并对操作做出响应。

(2) False:禁止用户进行操作,并以灰色显示。

7. Visible 属性

返回或设置一个控件是否可见,属性值为逻辑型。

(1) True:程序运行时控件可见。

(2) False:程序运行时控件不可见。

例 **2.3**　在窗体上添加两个命令按钮,运行程序后初始界面如图 2-7(a)所示,单击"按钮 1"后,"按钮 1"消失,运行界面如图 2-7(b)所示,程序代码如下:

```
Private Sub Form_Load()
        Command1. Enabled＝True             ′使 Command1 有效
        Command2. Enabled＝False            ′使 Command2 无效
End Sub
Private Sub Command1_Click()
        Command1. Visible＝False            ′使 Command1 消失
        Command2. Enabled＝True             ′使 Command2 有效
End Sub
```

图 2-7(a)　初始运行界面　　　　　2-7(b)　单击"按钮 1"后界面

8. 控件默认属性

所谓默认属性是在程序运行时,不必指明属性名而可以改变其值的那个属性。Visual Basic 中把某个控件最重要的属性设定为该控件的默认属性。表 2-1 列出了有关控件及它们的默认属性。

表 2-1　部分控件的默认属性

控　件	默认属性
文本框	Text
标签	Caption
命令按钮	Default
单选按钮、复选框	Value
图形、图像框	Picture

例如,控件名为 Label1 的标签,若要改变 Caption 的属性值为"Visual Basic",下面两条

语句是等价的：

Label1. Caption＝″Visual Basic″

Label1＝″Visual Basic″

以上是控件常用的通用属性，其他属性将在以后介绍相关控件的时候讲解。

2.3　窗　体

用 Visual Basic 创建一个应用程序的第一步就是创建用户界面。窗体是一块"画布"，是所有控件的容器，用户可以根据自己的需要利用工具箱上的控件在"画布"上设计界面。窗体是 Visual Basic 中的对象，它具有自己的属性、事件和方法。

2.3.1　主要属性

除了在 2.2 节中介绍的通用属性外，窗体的常用属性还有以下几个：

1. BorderStyle 属性

返回/设置窗体的边框风格，默认值为 2。该属性的取值及含义是：

0—窗体无边框，无法移动及改变大小。

1—窗体为单线边框，可移动但不可以改变大小。

2—窗体为双线边框，可移动并可以改变大小。

3—窗体为固定对话框，不可以改变大小。

4—窗体外观与工具条相似，有"关闭"按钮，不能改变大小。

5—窗体外观与工具条相似，有"关闭"按钮，能改变大小。

2. ControlBox 属性

用于确定窗体是否有控制菜单。当属性值为 True 时，显示控制菜单；当属性值为 False 时，不显示控制菜单。

3. Icon 属性

设置窗体控制菜单的图标。通常把该属性设置为.ico 格式的图标文件。

4. MaxButton、MinButton 属性

这两个属性用来控制窗体运行时右上角的最大化按钮（MaxButton）和最小化按钮（MinButton）是否显示。当属性值为 True 时，显示最大化和最小化按钮，当属性值为 False 时，不显示最大化和最小化按钮。

5. MDIChild 属性

设置窗体是否含有另一个 MDI 子窗体。当属性值为 True 时，含有另一个 MDI 子窗

体;当属性值为 False 时,不包含另一个 MDI 子窗体。

6. Moveable 属性

决定程序运行时窗体是否能够移动。当属性值为 True 时,窗体在运行时可以移动;当属性值为 False 时,窗体在运行时位置固定。

7. Picture 属性

设置在窗体上显示的图片文件。本属性可以设置多种格式的图形文件,包括:.bmp、.gif、.jpg、.bmp、.wmf、.ico 等格式的文件。

8. WindowState 属性

设置窗体在执行时以什么状态显示。

0——正常窗口状态,有窗口边界(默认值)。
1——最小化状态,以图标方式运行。
2——最大化状态,无边框,充满整个屏幕。

2.3.2 窗体的事件

Visual Basic 采用的是事件驱动的编程机制。当没有事件发生时,程序处于等待状态;当有事件发生时,就执行该事件代码。窗体可以响应的事件很多,除了最常用的单击鼠标所触发的 Click 事件、双击鼠标所触发的 DblClick 事件外,还有以下事件:

1. Initialize 事件

当窗体创建时将触发 Initialize 事件。这时窗体对象被创建,但不加载。此时窗体的代码部分已经创建了,但界面部分还没有创建。Initialize 事件在 Load 事件之前发生。

2. Load 事件

将窗体装载到内存时,就会自动触发 Load 事件。对控件的初始化处理通常放在本事件中。

3. Unload 事件

该事件的功能和 Load 事件功能相反,它指从内存中删除指定的窗体。

4. Active 事件

当窗体变成活动窗体时(窗体进入可见状态),就会触发 Active 事件。

5. Resize 事件

程序运行时,如果改变窗体的大小,会自动触发 Resize 事件。

2.3.3　窗体的方法

窗体中常用的方法有以下几种：

1．Print 方法

用来在窗体上显示文本字符串和表达式的值，并可在其他图形对象或打印机上输出信息。

格式：[对象.]Print[表达式][,|;]

2．Cls 方法

Cls 方法用于清除运行时在窗体或图片框中显示的文本或图形。

格式：[对象.]Cls

其中："对象"为窗体或图片框，若省略则默认为当前窗体。窗体中使用 Picture 属性设置的背景位图和放置在窗体上的控件不受 Cls 方法影响。

例 2.4　在窗体上添加一个图片框 Picture1 时，可以编写以下事件过程：

```
Private Sub Form_Click()
    Print "清除方法练习"                    '在窗体上输出文字
    Picture1.Print "画图"                   '在图片框中显示文字
End Sub
```

然后在窗体上添加一个命令按钮 Command1，并编写以下事件过程：

```
Private Sub Command1_Click()
    Form1.Cls                              '清除窗体上的文字和图形
    Picture1.Cls                           '清除图片框中的文字和图形
End Sub
```

3．Move 方法

Move 方法用于移动窗体或控件，并可以改变其大小。

格式：[对象.]Move 左边距离[,上边距离[,宽度[,高度]]]

其中，对象可以是窗体以及除菜单以外的所有可视化控件，若省略对象则默认为当前窗体。左边距离、上边距离、宽度、高度均为数值，以 Twip 为单位。

例如：

```
Private Sub Form_Click()
    Move Left-20，Top＋40，Width-50，Height-30
End Sub
```

4．Show 方法

该方法用来显示一个窗体，兼有装入和显示窗体两种功能。如果调用 Show 方法时指定的窗体没有装载，Visual Basic 将自动装载该窗体。

格式：[对象.]Show

5. Hide 方法

该方法用于将窗体暂时隐藏起来，但并不从内存中卸载。

格式：[对象.]Hide

注意：

如果 Show 方法或者 Hide 方法前面没有指明对象，默认指当前窗体。

例如：在单击窗体后将隐藏窗体并显示提示信息，选择"确定"后又显示刚才隐藏的窗体。

程序代码如下：

```
Private Sub Form_Click()
    Form1. Hide
    MsgBox "按下确定重新显示窗体"
    Form1. Show
End Sub
```

例 2.5 窗体的 Click、Dblclick、Load 的使用，以及 Print 方法和相关属性的使用。程序运行效果如图 2-8 所示。

（a）Load事件运行效果

（b）Click事件运行效果

（c）Dblclick事件运行效果

图 2-8　例 2.5 的运行界面

要求：（1）在属性窗口中将窗体设置成无最大化按钮和最小化按钮，并使标题栏显示"窗体"。

（2）窗体装入时，装入一幅图片，标题栏显示"装入窗体"。

（3）单击窗体时，标题栏显示"鼠标单击"，窗体换成另一幅图片，并在窗体上输出"欢迎使用 VB"。

（4）双击窗体时，标题栏显示"鼠标双击"，去除窗体的图片，并在窗体上输出"结束使用 VB"。

程序代码如下：

```
Private Sub Form_Click()
    Caption="鼠标单击"
    Picture=LoadPicture(App. Path+"\bjt2. wmf")       '单击窗体加载图片
    Print "欢迎使用 VB"
End Sub
```

```
Private Sub Form_DblClick()
    Caption="鼠标双击"
    Picture=LoadPicture("")                              '双击窗体卸载图片
    Print "结束使用 VB"
End Sub
Private Sub Form_Load()
    FontSize=30
    FontName="黑体"
    Caption="装入窗体"
    Picture=LoadPicture(App. Path+"\bjt1. wmf")          '装入窗体加载图片
End Sub
```

说明：

（1）LoadPicture 是一个函数，用于将指定的图片文件调入内存。调用格式如下：

［对象.］Picture=LoadPicture("文件名")

对象是指窗体、图片框、图像框等，默认为窗体。括号中双引号中的内容是图形文件名（一般应写完整路径）。如果双引号中为空，则表示对象不加载图片。

（2）App. Path 表示加载的图片文件与应用程序在同一个文件夹，若运行时无该文件，系统会显示"文件未找到"的信息，用户可以将所需文件复制到应用程序所在的文件夹。

（3）属性或方法前省略了对象，表示默认该属性或方法作用于当前窗体对象。

2.4　标　签

标签（Label）控件用来显示信息，但不能在其中输入信息。标签控件的内容只能用 Caption 属性设置或修改，不能直接编辑。

在解决具体问题时，如果只需要在窗体上显示信息而不需要输入信息，最好使用标签控件，因为标签控件只能在规定的位置显示信息。

2.4.1　主要属性

除了在 2.2 节中介绍的通用属性外，标签控件的常用属性还有以下几个。

1. Alignment 属性

用于设置 Caption 属性中文本的对齐方式。

0—Left Justify：左对齐。

1—Right Justify：右对齐。

2—Center：居中对齐。

2．BackStyle 属性

用于确定标签的背景是否透明。

0—Transparent：透明，标签后的背景和图形可见。

1—Opaque：不透明，标签后的背景和图形不可见，默认设置为1。

3．AutoSize 和 WordWrap 属性

AutoSize 属性决定控件是否可以自动调整大小。取值为 True，表示随着 Caption 内容的多少自动调整控件大小，文本不换行；取值为 False，表示标签的尺寸不能自动调整，超出尺寸范围的内容不予显示。

WordWrap 属性用来设置当标签在水平方向上不能容纳标签中的全部文本时是否换行显示。当 AutoSize 属性为 True 时，且 WordWrap 属性值也为 True 时，标签中的内容可以换行。

4．BorderStyle 属性

设置标签边框的样式。

0—None：无边框。

1—Fixed Single：有边框。

例 2.6　标签控件的常用属性的设置，运行后界面如图 2-9 所示。

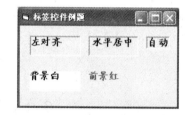

图 2-9　例 2.6 运行界面

要求：在窗体上添加 5 个标签，其名称分别为 Label1～Label5，每个标签的宽度和高度都相同，有关各项属性设置参见表 2-2。

表 2-2　例 2-6 属性设置

对象名称	标题(**Caption**)	有关属性设置
Label1	左对齐	Alignment＝0，BorderStyle＝1
Label2	水平居中	Alignment＝2，BorderStyle＝1
Label3	自动	AutoSize＝True，WordWarp＝False，BorderStyle＝1
Label4	背景白	BackColor＝&H00FFFFFF&，BorderStyle＝0
Label5	前景红	ForeColor＝&H000000FF&，BorderStyle＝0

2.4.2　事件

标签可以响应的事件有：单击(Click)、双击(Dblclick)、改变(Change)等。实际上，标签仅起到在窗体上显示文字的作用,因此一般不需要编写事件过程。

2.5　命令按钮

命令按钮(CommandButton)控件在 Visual Basic 应用程序中应用得十分广泛。通常用户点击命令按钮,是要执行某一具体操作,因此要为命令按钮编写相应的事件代码,完成操作任务。

2.5.1　常用属性

除了在 2.2 节中介绍的通用属性外,命令按钮的常用属性还有以下几个:

1. Caption 属性

设置命令按钮上显示的文字。在设置 Caption 属性时,如果在某个字母前面加上"&",则在程序运行时标题中的该字母即带有下划线,这一字母就成为访问键(热键),当用户按下"Alt+该快捷键"时,其作用等同于通过鼠标单击该按钮。例如,将某个命令按钮的 Caption 属性设置为"退出(&Q)",字母 Q 就是热键,程序运行时会显示"退出(Q)",用户按下"Alt+Q"便可激活该按钮。

2. Default 属性

当值为 True 时,能响应 Enter 键。此时不管窗体上的哪个控件有焦点,只要用户按 Enter 键,就相当于单击此默认命令按钮。窗体中只能有一个命令按钮的 Default 属性值为 True。

3. Cancel 属性

该属性为逻辑型数据。当值为 True 时,能响应 Esc 键。即当用户按 Esc 键时触发该命令按钮的 Click 事件,否则不响应该事件。

4. Style 属性

在命令按钮的 Caption 属性中,不仅可以设置显示的文字,还可以设置显示的图形。通过 Style 属性来设置命令按钮控件的显示类型和行为,属性值可取 0 或 1。

0—Standard(默认):标准的,按钮上不能显示图形。

1—Graphical:图形的,按钮上既可以显示图形,也可以显示文字。

5. Picture 属性

返回或设置控件中要显示的图片。使用该属性时必须把 Style 属性值设为 1。

6. ToolTipText 属性

当按钮是图形时,可以通过 ToolTipText 属性为按钮加文字提示。

2.5.2 事件

命令按钮最重要的事件是单击事件 Click,单击命令按钮时将触发该事件。

例 2.7 设计如图 2-10 所示的程序。单击"左移"按钮,标签每次向左移动 50Twip;单击"右移"按钮,标签每次向右移动 50Twip。各控件属性设置参见表 2-3。

表 2-3 例 2.7 属性设置

对象名称	相关属性值
Label1	Caption＝"移动文本"
Command1	Caption＝"左移",Style＝1,Picture＝Point02. ico
Command2	Caption＝"右移",Style＝1,Picture＝Point04. ico

程序代码如下:

图 2-10 例题 2.7 运行界面

```
Private Sub Command1_Click()
      Label1. Left＝Label1. Left－50
End Sub
Private Sub Command2_Click()
      Label1. Left＝Label1. Left＋50
End Sub
```

2.6 文本框

文本框(TextBox)是 Visual Basic 中用得最多的控件之一,它既可以用于输出或显示信息,也可以用于在其中输入或编辑文本。

2.6.1 常用属性

文本框控件的大部分通用属性在 2.2 节中已经介绍过,下面介绍其他常用的几个属性。

1. Text 属性

用来设置或显示文本框中的文本内容,是文本框的主要属性。当文本内容改变时,Text 属性值也会随之改变。

注意:

文本框没有 Caption 属性,它是利用 Text 属性来存放文本信息的。

2. MultiLine 属性

设置文本框是否可以接收多行文本,取逻辑值。值为 True 时,可以接收多行文本;值为 False 时,在文本框中只能接收单行文本。

3. ScrollBar 属性

确定文本框是否有水平或垂直滚动条。

0—None:表示无滚动条。

1—Horizontal:表示只使用水平滚动条。

2—Vertical:表示只使用垂直滚动条。

3—Both:表示在文本框中,同时添加两种滚动条。

注意:

ScrollBar 属性生效的前提是设置 MultiLine 属性为 True。

例 2.8 文本框控件 ScrollBar、MultiLine 属性举例,运行后界面如图 2-11 所示。在窗体上添加 3 个文本框控件,名称分别是 Text1～Text3,其余各项属性设置参见表 2-4。

表 2-4 例 2.8 属性设置

对象名称	MultiLine 属性值	ScrollBar 属性值
Text1	False	0
Text2	True	0
Text3	True	2

图 2-11 例题 2.8 运行界面

程序代码如下:

```
Private Sub Form_Load()
    Text1.Text="明月几时有,把酒问青天"        '设置文本框的 Text 属性
    Text2.Text="明月几时有,把酒问青天"
    Text3.Text="明月几时有,把酒问青天"
End Sub
```

在本例中,文本框 Text1 只能单行显示;文本框 Text2 可以多行显示,并且可以自动换行;文本框 Text3 有垂直滚动条。

4. MaxLength 属性

设置文本框中能够容纳的最大字符数,默认值为 0,表示无字符长度限制。

5. PassWordChar 属性

设置文本框中文本的替代符,在做密码输入的处理时,通常要将此属性设置为"＊"。

注意:

该属性的值只能是一个字符;设置了该属性值后,不会影响 Text 属性的值,只会影响 Text 属性值的显示方式;当 MultiLine 属性为 True 时,该属性无效。

例 2.9　文本框控件 MaxLength、PassWordChar 属性举例。当输入的密码错误时,运行界面如图 2-12 所示,当输入的密码正确时,运行界面如图 2-13 所示。

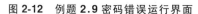

图 2-12　例题 2.9 密码错误运行界面　　　　图 2-13　例题 2.9 密码正确时运行界面

各控件属性设置如下:

在窗体上添加 1 个文本框控件和 2 个标签控件,控件各项属性设置参见表 2-5。

表 2-5　例 2.9 属性设置

对象名称	相关属性值
Text1	Text=""，MaxLength=4，PassWordChar="＊"
Label1	Caption="请输入密码"，AtuoSize=True
Label2	Caption=""，AtuoSize=True

程序代码如下:

```
Private Sub Text1_KeyPress(KeyAscii As Integer)
    If KeyAscii=13 Then                    '程序运行时按回车键时执行下列程序
        If Text1.Text="ABCD" Then
            Label2.Caption="欢迎使用本系统!"
        Else
            Text1.Text=""
            Label2.Caption="密码错误,请重新输入!"
            Text1.SetFocus
        End If
    End If
End Sub
```

6. Locked 属性

用来指定文本框的内容是否可以编辑。默认值为 False,表示可以编辑;当属性值设置为 True 时,文本框中的文本为只读。

7．SelLength 属性

返回或设置文本框中被选定的文本的字符个数。当在文本框中选择文本时，该属性值会随着选择字符的多少而改变。

8．SelText 属性

返回或设置选定的文本内容。如果在程序中设置了 SelText 属性，则用该值代替文本框中选中的文本。

9．SelStart 属性

返回或设置所选文本的起始位置。当 SelStart 属性设置为 0 时，表示选择的起始位置是第一个字符，1 表示从第二个字符开始选择。

注意：

SelLength、SelText 和 SelStart 属性只能通过程序代码设置。

例 2.10　设计如图 2-14 所示的界面，编写程序，当单击"复制"按钮时，可将上面文本框选中的文本复制到下面的文本框中；单击"移动"按钮时，可将上面文本框选中的文本移动到下面的文本框中；单击"清空"按钮，可将两个文本框中的内容清空。

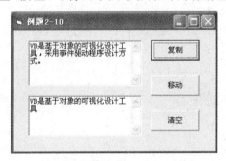

图 2-14　例题 2.10 运行界面

程序代码如下：

```
Private Sub Command1_Click()
    Text2. Text＝Text2. Text＋Text1. SelText
End Sub

Private Sub Command2_Click()
    Text2. Text＝Text2. Text＋Text1. SelText
    Text1. SelText＝""
End Sub

Private Sub Command3_Click()
    Text1. Text＝""
    Text2. Text＝""
End Sub
```

2.6.2 事件

1. Change 事件

当用户在文本框中输入新的信息,或者程序中将 Text 属性设置为新值的时候,触发该事件。由于每次向文本框输入一个字符就会引发一次该事件,建议尽量少用该事件。

2. KeyPress 事件

当进行信息输入时,按下后松开一个产生 ASCII 码的按键时引发该事件,此事件会返回一个 KeyAscii 参数,因此通过该事件可以判断用户按了什么键。KeyPress 事件中最常用的是判断输入是否为回车符(KeyAscii 的值为 13),通常表示文本的输入结束。

3. LostFocus 事件

此事件是在对象失去焦点时触发。通常用来检查用户在文本框中输入的内容或指定文本框失去焦点后所做的事情。

4. GotFocus 事件

GotFocus 事件与 LostFocus 事件相反,在一个对象获得焦点时触发。

2.6.3 方法

文本框最常用的方法是 SetFocus,该方法可以使文本框获得焦点。格式如下:
〔对象〕. SetFocus
在窗体上建立了多个文本框后,可以用该方法把光标于所需要的文本框中。

例 2.11 设计一个简单的两数加法运算器。要求用户输入的是数值型数据,因此文本框须首先验证输入的数是否合法。运行界面如图 2-15 所示。

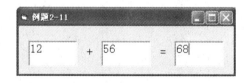

图 2-15　例题 2.11 运行界面

分析:

(1)文本框数据输入结束可通过按回车键或 Tab 键来表示。按 Tab 键,焦点离开该控件,通过 LostFocus 事件来判断,按回车键,焦点没有离开,通过 KeyPress 事件来判断。对 Text1 和 Text2 分别使用这两种事件。

(2)用 IsNumeric 函数来判断是否是数字字符,返回值是 True 表示是数字,否则,表示有非数字字符。

程序代码如下：

```
Private Sub Text1_LostFocus()
    If Not IsNumeric(Text1) Then        'IsNumeric 函数用来判断 Text1 中的文本是否是数字
        Text1=""                         '如果有非数字字符，则清除 Text1 中的内容
        Text1.SetFocus                   '焦点重新回到 Text1 中
    End If
End Sub


Private Sub Text2_KeyPress(KeyAscii As Integer)
    If KeyAscii=13 Then                  '按回车键结束输入
        If Not IsNumeric(Text2) Then     'IsNumeric 函数用来判断 Text2 中的文本是否是数字
            Text2=""                     '如果有非数字字符，则清除 Text2 中的内容
        End If
    End If
End Sub


Private Sub Text3_GotFocus()
    Text3=Val(Text1)+Val(Text2)          '将 Text1 和 Text2 中的内容转换成数值，进行加法运算
End Sub
```

习　题　二

一. 选择题

1. 下列关于 Visual Basic 编程的说法中，不正确的是_____。
   A. 事件是能被对象识别的动作
   B. 方法指示对象的行为
   C. 属性是描述对象特征的数据
   D. Visual Basic 程序采用的是面向过程的编程机制

2. 在 Visual Basic 中，最基本的对象是_____，它是应用程序的基石，是其他控件的容器。
   A. 标签　　　　　　B. 文本框　　　　　C. 命令按钮　　　　D. 窗体

3. 下列选项中，_____属性可以设置窗体标题栏显示的内容。
   A. Text　　　　　　B. Caption　　　　　C. BackStyle　　　　D. BackColor

4. 下列选项中，_____方法可以将窗体隐藏起来。
   A. Load　　　　　　B. UnLoad　　　　　C. Hide　　　　　　D. Show

5. 要使窗体在运行时不可改变窗体的大小和没有最大最小化按钮，可以设置窗体的_____属性。
   A. MaxButton　　　　B. MinButton　　　　C. BorderStyle　　　D. Width

6. 要改变 Label1 控件中的文字颜色，可以设置 Label1 控件的_____属性。
   A. FontColor　　　　B. ForeColor　　　　C. BackColor　　　　D. FillColor

7. 要使某控件在程序运行时不显示,应设置_____属性。

    A. Visible   B. Enabled   C. Default   D. BackColor

8. 当程序运行时,系统自动执行启动窗体的_____事件过程。

    A. UnLoad   B. Load   C. GotFocus   D. Click

9. 要使标签控件的大小自动与所显示的文本相适应,应设置标签控件的_____属性的值为 True。

    A. AutoSize   B. Alignment   C. FontSize   D. Enabled

10. 不论是何控件,共同具有的属性是_____。

    A. Caption   B. Name   C. Text   D. ForeColor

11. 在命令按钮的 Click 事件中,有程序代码如下:

    Label1. Caption="Text1. Text"

    则 Label1、Caption 、"Text1. Text"分别表示_____。

    A. 对象、事件、方法   B. 对象、方法、属性

    C. 对象、属性、值   D. 属性、对象、值

12. 为使文本框显示滚动条,必须首先设置的属性是_____。

    A. AutoSize   B. Alignment   C. Multiline   D. ScrollBars

13. 下列选项中,文本框没有_____属性。

    A. Backcolor   B. Alignment   C. Text   D. Caption

14. 如果在窗体上创建了文本框对象 Text1,可以通过_____事件获得输入键的 ASCII 码值。

    A. LostFocus   B. GotFocus   C. Change   D. KeyPress

15. 若要使文本框称为只读文本框,应设置_____属性值为 True。

    A. Lock   B. Locked   C. ReadOnly   D. Enabled

16. 文本框的_____属性可以设置或返回文本框中的文本。

    A. Caption   B. Name   C. Text   D. ToolTipText

17. 文本框的 ScrollBars 属性设置了非零值,却没有效果,原因是_____。

    A. 文本框中没有内容

    B. 文本框中的 MultiLine 属性为 False

    C. 文本框中的 MultiLine 属性为 True

    D. 文本框中的 Locked 属性为 True

18. 下列关于命令按钮的说法不正确的是_____。

    A. 命令按钮仅能识别 Click 事件

    B. 命令按钮的 Default 属性为 True 可使该按钮默认接收回车事件的对象

    C. 命令按钮能通过设置 Enabled 属性使之有效或无效

    D. 命令按钮能通过设置 Visible 属性使之可见或不可见

19. 命令按钮标题文字的下划线,可以通过_____符号来设置。

    A. \<   B. &   C. _   D. \>

20. 若要使命令按钮获得控制焦点,则可使用_____方法来设置。

    A. GotFocus   B. SetFocus   C. Show   D. Refresh

二、填空题

1. 对象的属性是指＿＿＿＿＿＿＿＿＿＿＿。

2. 当对命令按钮的 Picture 属性设置为.bmp 图形文件后,命令按钮上并没有显示所需的图形,原因是＿＿＿＿属性值为 0。

3. 文本框中,通过＿＿＿＿＿属性能获得当前插入点所在的位置。

4. 将命令按钮 Command1 的标题赋值给文本框控件 Text1 的 Text 属性,应使用的语句是＿＿＿＿。

5. 若要隐藏当前窗体 Form1,应使用＿＿＿＿语句或＿＿＿＿语句。

6. 若要求输入密码时文本框中只显示"＊"号,则应该设置文本框的＿＿＿＿属性。

7. 要让文本框获得焦点的方法是＿＿＿＿。

8. 在窗体上添加一个命令按钮 Command1 和一个文本框 Text1,程序运行后 Command1 为禁用。当向文本框中输入任何字符时,命令按钮 Command1 变为可用。在下列程序的空白处填入适当的内容,将程序补充完整。

Private Sub Form_Load()

    Command1. Enabled＝＿＿＿＿

End Sub

Private Sub Text1 ＿＿＿＿＿( )

    Command1. Enabled＝True

End Sub

三、编程题

1. 设计一个应用程序,在窗体上设置两个命令按钮和一个标签,命令按钮的标题分别是"显示"和"退出",标签控件初始不可见。单击"显示"按钮,在窗体上显示"Visual Basic 6.0 程序设计",字体大小为 20 ,单击"退出"结束程序运行。运行界面如图 2-16 所示。

图 2-16 运行界面

2. 设计一个应用程序,运行界面如图 2-17 所示。在文本框中输入半径后,单击"计算面积"按钮,计算结果显示在"结果"后的文本框中。

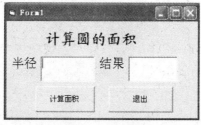

图 2-17 运行界面

3.设计一个应用程序,运行界面如图 2-18(a)所示。当点击"交换"按钮后,将两个文本框的内容进行交换如图 2-18(b)所示。

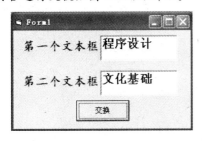

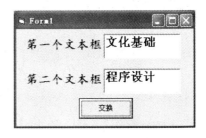

图 2-18(a)　运行界面 1　　　　　　　图 2-18(b)　运行界面 2

4. 设计一个应用程序,运行界面如图 2-19 所示。当单击"字体"按钮后,文本框中的字体设置为楷体加粗 20 磅,当单击"复制"按钮后,将选中的内容复制到右边的文本框中。

图 2-19　运行界面

第三章

Visual Basic 语言基础

我们使用程序设计语言，必须熟练掌握基本的语法规则，才能在后续内容的学习中运用自如，并减少编程时可能发生的错误。本章主要介绍 Visual Basic 6.0 的数据类型、常量、变量、表达式及函数等基础知识。

3.1 数 据 类 型

描述客观事物的数、字符及所有能被输入到计算机中并被计算机程序加工处理的符号集合称为数据。数据是程序的必要组成部分，既是程序输入的基本对象，又是程序运算所产生的结果。

数据类型是指数据在计算机内部的表述和存储形式。根据性质和用途的不同，数据被划分为多种不同的类型。不同类型的数据，其数据结构、在内存中的存储方式均不相同。因此，不同类型的数据，在取值范围、能够进行的操作等方面存在差异。另外，只有相同或相容的数据类型之间才能进行操作，否则会出现错误。

Visual Basic 提供了丰富的数据类型，如图 3-1 所示。

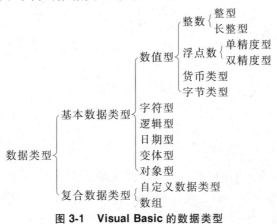

图 3-1 Visual Basic 的数据类型

复合数据类型由基本数据类型组成,将在第五章介绍,本章仅介绍基本数据类型。

3.1.1 数值型

数值型(Numeric)数据可以分为整型、长整型、单精度浮点型、双精度浮点型、字节型和货币型。

1. 整型数据

整型数据包括整型(Integer)和长整型(Long),是没有小数点和指数符号的数,在计算机内部以二进制补码形式表示。整型数据运算速度快且精确,但数据的取值范围较小。

在 Visual Basic 中,整型数据占两个字节,取值范围为 $-32768 \sim 32767$,当超出这个取值范围时,程序运行时就会因产生"溢出"而中断,这时可以采用长整型 Long。长整型数据的存储长度为四个字节,取值范围为 $-2^{31} \sim 2^{31}-1$。

Visual Basic 中的整型数表示形式为:$\pm n[\%]$,n 是由 $0 \sim 9$ 组成的数字,%是整型的类型符,可省略;当要表示长整型数时,只需在数字后加长整型符号"&",即表示形式为 $\pm n\&$。例如,180%、180、-125、$+32$、32% 均是整型;而 180&、$-125\&$、$-2347890\&$ 均表示长整型。

2. 浮点型数据

浮点数又称为实数,分为单精度型(Single)和双精度型(Double)。浮点数的表示范围比较大,但精度有限,且运算速度慢。单精度浮点数和双精度浮点数的类型符分别是"!"和"#",指数分别用"E"和"D"来表示。单精度浮点数有效数字精确到 7 位,双精度浮点数的有效数字可精确到 16 位。

单精度浮点数有多种表现形式:$\pm n.n$、$\pm n!$、$\pm nE \pm m$、$\pm n.nE \pm m$ 等,它们分别表示小数形式、整数加单精度类型符、指数形式等,其中 n、m 是由 $0 \sim 9$ 组成的数字。例如,数字 34.323、$-230!$、$-230E3$、0.343E-3 都是单精度浮点数;数字 2.343#、-234#、-234D3、0.234E-3# 都是双精度浮点数。

注意:

数 100 与数 100.00 对计算机而言是截然不同的两个数,前者为整数(占两个字节),而后者为浮点数(占四个字节)。

3. 货币类型

货币型(Currency)是定点实数或整数,最多保留小数点右边 4 位和小数点左边 15 位,用于货币计算。表示形式是在数字后加"@"符号,例如 230.45@。

4. 字节类型

字节类型(Byte)是占一个字节的无符号整数。取值范围为:$0 \sim 255$。

在 Visual Basic 中,数值型数据都有一个取值范围,程序中的数如果超出规定的范围,系统就会显示"溢出"错误。

3.1.2　字符型

字符型(String,或称字符串)表示连续的字符序列,长度为 0~65535 个字符,可包含 ASCII 字符、汉字和各种可显示字符。一个字符串的两侧要用双引号括起来,例如:"Visual Basic 6.0"、"230"、"11/11/2011"、"我喜欢使用 VB"等都是字符串数据。

Visual Basic 中的字符型分为定长(String ∗ n)和变长(String)字符串两种,前者存放固定长度为 n 的字符,后者长度可变。

注意:

(1) 在 Visual Basic 中,把汉字作为一个字符处理。

(2) 不含任何字符的字符串称为空串,用""(连续的两个双引号)表示。而" "表示有一个空格字符的字符串。

(3) 在字符串内部需要用到双引号时,须用两个连续的双引号来表示,即""""表示含有一个双引号的字符串。

(4) 字符型数据也有大小之分,其中,英文和各种符号通过其 ASCII 码进行比较,简体汉字则按照 GB2312 中的编码进行排列比较。

3.1.3　逻辑型

逻辑型(Boolean),又称布尔型,它只有 True(真)和 False(假)两个值。在计算机内存中占两个字节即 16 位二进制位,True 对应 16 位 1,False 对应 16 位 0。当逻辑型数据转换成整型数据时,由于整数以补码形式存放,因此 True 转换成 −1,False 转换为 0;当将其他类型的数据转换成逻辑型数据时,非 0 数转换为 True,0 转换为 False。

3.1.4　日期型

日期型(Date)按 8 字节的浮点数来存储,表示的日期范围从公元 100 年 1 月 1 日至 9999 年 12 月 31 日,而时间范围是 0:00:00~23:59:59。日期型数据前后必须用"#"号括起来,如 #1 Jan 12#、#January 1,2012#、#2011-11-11 13:30:30PM# 都是合法的日期型数据。

任何可辨别的文本日期都可以赋值给日期型变量。

3.1.5　变体型

变体型(Variant)数据是 Visual Basic 提供的一种特殊数据类型,是所有未声明变量的默认数据类型。变体型数据的类型是可变的,它对数据的处理完全取决于程序的上下文需要。除了定长字符串数据和用户自定义数据外,它可以保存任何种类的数据,是一种万能的数据类型。

对变体变量赋值时不需要进行数据类型间的任何转换,Visual Basic 会自动进行必要的转换处理。

应该注意到,虽然变体型数据提高了程序的适应性,却占用额外的系统资源,降低了程序的运行速度。因此,当数据类型能够具体定义时,最好不要把它们定义为变体型数据。

3.1.6 对象型

对象型数据(Object)用来引用应用程序所能识别的任何实际对象,占用 4 个字节。有关对象型数据的使用,我们将在后面的章节中作进一步介绍。

表 3-1 列出了基本数据类型及其占用空间和表示范围等。

表 3-1 Visual Basic 的基本数据类型

数据类型	类型名	类型标示符	占用字节数	范　　围
整型	Integer	%	2	$-2^{15} \sim 2^{15}-1(-32\,768 \sim 32\,767)$
长整型	Long	&	4	$-2^{31} \sim 2^{31}-1$
单精度型	Single	!	4	$\pm 1.401\,298E-45 \sim \pm 3.402\,823E38$
双精度型	Double	#	8	$\pm 4.941D-324 \sim 1.79D308$
货币类型	Currency	@	8	小数点左边 15 位,右边 4 位
字节型	Byte	无	1	$0 \sim 2^8-1(0 \sim 255)$
字符型	String	$	根据字符串长度	$0 \sim 65535$ 个字符
逻辑型	Boolean	无	2	True 与 False
日期型	Date(time)	无	8	$1/1/100 \sim 12/31/9999$
变体型	Variant	无	根据实际类型	根据实际类型
对象型	Object	无	4	可被任何对象引用

3.2 常量与变量

在程序运行过程中,常量和变量都可以用来存储数据,它们都有自己的名字和数据类型。不同的是,在程序执行过程中,变量中存储的值是可以改变的,而常量的值始终保持不变。

3.2.1 常量

常量是指在程序运行过程中其值始终保持不变的量。Visual Basic 中的常量分为三种:直接常量、符号常量和系统常量。

1. 直接常量

直接常量的值直接反映了它的数据类型,简称为常量。根据数据类型的不同,常量分为:字符串常量、数值常量、日期常量和布尔常量。

数值常量是由数值、小数点和正负号所构成的数值,如 230、230&、230.33、2.33E2、230D3 分别为整型、长整型、单精度型浮点数(小数形式)、单精度型浮点数(指数形式)、双精度型浮点数。在 Visual Basic 中,除了十进制数值外,还有八进制、十六进制数值常量。八进制常量前加 &O,例如 &O230、&O456;十六进制常量前加 &H,如 &HAF2、&H569。

字符串常量必须由一对半角双引号括起来,可以是任何能被计算机处理的字符。如:"computer"、"学生"、"a%`∗&＋"等。如果一个字符串常量只有双引号,中间没有任何字符(包括空格),则该字符串为空串。

日期常量用来表示某天或某一天的具体时间。在 Visual Basic 中,日期常量的前后均要加上"#"号。如#11/11/2011#,#11/11/2011 16:08:12PM#,#16:08:12PM#。

逻辑常量只有 True 和 False 两个值,表示"真"和"假"。一定要注意的是:逻辑型常量不需要用双引号括起来。如果带了双引号,计算机就将其作为字符串常量处理。

2. 符号常量

如果在程序中多次用到一些常数,为了改进程序代码的可读性和可维护性,用户可给某一特定的常量值赋予一个名字,即定义一个符号常量,以后用到该值时就用符号常量名代替。符号常量的(声明)语句格式为:

Const 符号常量名[As 数据类型]＝表达式

其中:

符号常量名:其命名规则与变量名的命名规则相同,为了便于与一般变量名区别,符号常量名通常用大写字母表示。

As 数据类型:说明常量的数据类型。如省略该项,数据类型由表达式决定。用户也可在常量后加类型符。

表达式:由数值常量、字符串常量以及运算符组成的表达式。

例如:

```
Const PI＝3.1415926          '声明数值常量 PI,代表 3.1415926,单精度型
Const USER＝"Zhang San"      '声明字符串常量 USER,代表"Zhang San",字符串型
Const NUM1＝457.83           '声明数值常量 NUM1,代表 457.83,双精度型
```

3. 系统常量

系统常量是由 Visual Basic 提供的具有专门名称和作用的常量。Visual Basic 提供的系统常量有:颜色常量、窗体常量、绘图常量等。这些系统常量位于 Visual Basic 的对象库中。为了避免不同对象中同名常量之间的混淆,在引用时可使用两个小写字母前缀,表示限定在哪个对象库中使用。

选择"视图"→"对象浏览器",打开"对象浏览器"窗口。在"工程/库"下拉列表框中选择对象库,在"类"列表框中选择需要查询的类,右侧列出该类包含的所有系统常量。如图3-2所示。

图3-2 "对象浏览器"窗口

3.2.2 变量

计算机在处理数据时,必须将数据装入内存。对存放数据的内存单元命名后,通过内存单元名称来访问其中的数据。被命名的内存单元称为变量,这个内存单元的名字就是变量名,如图3-3所示。简单来说,变量指一个有名称的内存单元。每个变量对应一个变量名,在内存中占据一定的存储单元。变量一般需要先声明后使用。

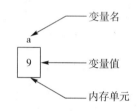

图3-3 变量名和变量值示意图

1. 变量的命名规则

变量命名规则如下:

(1) 变量名必须以字母或汉字开头,由字母、汉字、数字或下划线组成。

(2) 变量名的长度不得大于255。

(3) 不允许使用关键字作变量名。

(4) 变量名不区分大小写,即 STR 与 str、Str 视为同一个变量名。

下面列出的变量名都是无效的或非法的:

　　0a、Date、dim、%a12、Y,2

2. 变量的声明

在使用变量之前一般先声明变量名,指定其类型,以决定系统为它分配的存储单元和运算规则。在 Visual Basic 中,可以用以下方式来声明变量及其类型。

(1)用 Dim 语句显式声明变量

形式如下:

　　Dim 变量名［As 类型］

其中"类型"可以使用表3-1中所列出的类型名。

具体的使用情况如下:

① 为了方便定义,可在变量名后加类型符来代替"As 类型"。此时变量名与类型符之

间不能有空格。类型符参见表 3-1。

例如：Dim x As Integer　　可以改写为 Dim x%

② 一条 Dim 语句可以同时定义多个变量，但每个变量必须有自己的类型声明，类型声明不能共用。

例如：Dim r%, s!, max, str As String

一条 Dim 语句同时定义了 4 个变量，r 为整型，s 为单精度型，str 是字符串型，而 max 因没有声明类型，所以为变体型。

③ 定义字符串类型变量时可以指定存放的字符个数。

Dim str1 $　　　　　　　　　　'声明可变长字符串变量 str1

Dim str2 As String　　　　　　　'声明可变长字符串变量 str2

Dim str3 As String * 10　　　　　'声明定长字符串变量 str3，最多可存放 10 个字符

对定长字符变量，字符数多时，超过数量的字符会丢失；字符数少时，系统自动在字符串末尾添加空格。

注意：

在 Visual Basic 中，一个汉字与一个西文字符一样都算作一个字符，占两个字节。因此，上述定义的 str3 变量，可存放 10 个西文字符或 10 个汉字。

④ 在 Visual Basic 中，不同类型的变量有不同的默认初值，如表 3-2 所示。其中，变体型变量的初值为 Empty，表示未确定数据，变量将根据参与的运算不同，自动取相应类型的默认初值进行运算。

表 3-2　变量的默认初值

变量类型	默认初值
数值型	0
String	""（空）
Boolean	False
Date	0/0/0
Variant	Empty

（2）隐式声明。所谓隐式声明是指一个变量未被声明而被直接使用。所有隐式声明的变量都是 Variant 类型的。这在 Visual Basic 中是允许的，但不提倡使用。

例如：

Dim number As Integer, sum As Single

number＝1

sum＝sum＋numbe　　　　　　　　'numbe 是未声明的变量，默认初值为 0

该例中变量名拼写错误，运行时不会产生错误提示信息。当程序运行到"sum＝sum＋numbe"语句时，遇到新变量 numbe，系统认为它是隐式声明，初始化为 0，运行结束 sum 的值是 0。

为避免出现类似错误，建议初学者编程时遵循"变量先定义后使用"的原则，可通过相关设置，使未定义的变量不能使用，强制显式声明所有变量。具体方法如下：

① 选择菜单"工具"→"选项"，然后在"编辑器"选项卡中选择"代码设置"→"要求变量声明"选项即可。

② 直接在代码窗的通用声明段录入"Option Explicit"语句。

若遇到未声明便使用的变量，Visual Basic 会发出报告"Variable not define"。

例 3.1 常量和变量的使用。

```
Private Sub Command1_Click()
    Const PI=3.14
    Dim a As Integer, r As Integer, s As Single
    b=4.5
    s=PI＊r＊r
    Print "a=", a
    Print "r=", r
    Print "s=", s
End Sub
```

程序输出结果是：

```
a=0
r=4.5
s=63.585
```

a 和 r 是整型变量，s 是单精度型变量，PI 是符号常量，变量和常量可以通过运算符组合为一个表达式，来对一个变量赋值。根据表 3-2，a 取整型默认值 0。

3.3 运算符和表达式

运算是对数据进行加工处理的过程，描述各种不同运算的符号称为运算符，而参与运算的数据就称为操作数。用运算符将操作数连接起来就构成了表达式。

3.3.1 算术运算符与算术表达式

算术运算符是常用的运算符，用来执行算术运算。把常量、变量等用算术运算符连接起来的式子称为"算术表达式"。优先级表示当表达式中含有多个运算符时的执行顺序。表3-3 按优先级从高到低列出了常用算术运算符。

表 3-3 Visual Basic 算术运算符

运算符	功能	优先级	实例说明
＾	乘方	1	a＾n 表示 a 的 n 次方，例如 3＾2=9
—	取负	2	—a 表示将 a 的值取负
＊	乘法	3	a＊b 表示 a 和 b 相乘，例如 3＊2=6
/	除	3	a/b 表示浮点除法，例如 3/2=1.5
\	整除	4	a\b 表示 b 整除 a，例如 3\2=1
Mod	取模	5	a Mod b 表示取除法的余数，例如 6 Mod 4 结果为 2
＋	加	6	a＋b 表示 a 加 b，例如 3＋2=5
—	减	6	a—b 表示 a 减 b，例如 3—2=1

表 3-3 中 8 种运算符中,只有取负"－"是单目运算符,其余都是双目运算符。取负运算符的功能是:使正数变为负数,负数变为正数。取负运算符必须放在操作数的左边。

取模运算符 Mod 用来求整数除法的余数,其结果是被除数与除数相除所得的余数。例如 9 Mod 5 等于 4,7 Mod 10 等于 7。若表达式为 13.5 Mod 2.6,则首先取整得到 13 和 2 再取模,结果为 1。

算术运算符要求的操作对象是数值型数据,若遇到逻辑型值或数字字符,则自动转换成数值类型后再运算。例如:

9＋False＋"21"   '结果是 30,逻辑型常量 True 转换为数值－1,False 转换为数值 0

3.3.2 关系运算符与关系表达式

关系运算符通常又称为比较运算符,即比较两个操作数的大小关系,若关系成立,则运算结果为逻辑值 True,否则结果为 False。关系表达式在程序中常用于对条件进行描述和判断,使用频率很高,必须熟练掌握。

例如:及格的条件是成绩大于 60 分。若用变量 mark 存放成绩,则及格的条件可用关系运算符描述为:mark＞60。

常用的关系运算符见表 3-4。

表 3-4 关系运算符

运算符	功能	表达式实例	结果	说明
＞	大于	"abc"＞"c"	False	"a"的 ASCII 值为 97,而"c"为 99
＞＝	大于等于	9＞=(4+7)	False	9＜11
＜	小于	9＜(4+7)	True	9＜11
＜＝	小于等于	"15"＜="3"	True	"1"的 ASCII 值为 49,而"3"为 51
＝	等于	15＝3	False	15 不等于 3
＜＞	不等于	"abc"＜＞"Abc"	True	"a"的 ASCII 值为 97,而"A"为 65
Like	字符串匹配	"abcd123ef" Like " * cd * "	True	使用通配符匹配比较
Is	对象引用比较	object1 Is object2		由对象引用的当前值决定

在关系表达式中,操作数可以是数值型、字符型。关系运算规则如下:

(1) 如果两个操作数是数值型,则按其大小进行比较。

(2) 如果两个操作数是字符型,则按字符的 ASCII 码值从左到右逐一进行比较,即首先比较两个字符串中的第 1 个字符,ASCII 码值大的字符串为大;如果第 1 个字符相同,则比较第 2 个字符,以此类推,直到出现不同的字符时为止。若两串的前面一部分相等,则串长的大,如"abcd"＞"ab"。

(3) 汉字字符大于西文字符。汉字之间的比较是根据其拼音字母的 ASCII 码值比较大小,码值大的汉字大,如"男"＞"女","李"＞"张"。

(4) 关系运算符的优先级相同,运算时从左到右依次进行。

(5) 在 Visual Basic 6.0 中,所增加的"Like"运算符与通配符"?"、" * "、"＃"、[字符列

表]、[! 字符列表]结合使用，常用于 SQL 语句中进行模糊查询。其中"?"表示任何单一字符；"＊"表示零个或多个字符；"♯"表示任何一个数字(0～9)；[字符列表]表示字符列表中的任何单一字符；[! 字符列表]表示不在字符列表中的任何单一字符。

（6）"Is"关系运算符用于对两个对象引用进行比较，判断两个对象的引用是否相同。

3.3.3　逻辑运算符与逻辑表达式

逻辑运算符用来对逻辑型数据进行运算。如与运算、或运算、非运算等。逻辑表达式是指用逻辑运算符连接若干个关系表达式或逻辑值而组成的式子。逻辑运算要求操作数是逻辑型数据，运算结果也是逻辑型数据，即只能是 True 或 False。表 3-5 列出常用的逻辑运算符。

表 3-5　逻辑运算符

运算符	含义	优先级	运算规则	实 例	结果
Not	取反	1	当操作数为真时，结果为假；当操作数为假时，结果为真	Not True	False
And	与	2	当两个操作数均为真时，结果才为真，否则为假	4＞3 And "女"＞"男"	False
Or	或	3	两个操作数都为假时，结果才为假，否则为真	4＞3 Or "女"＞"男"	True
Xor	异或	3	在两个操作数不相同，即一真一假时，结果才为真，否则为假	4＞3 Xor "女"＞"男"	True

逻辑运算符在程序中主要用于连接关系表达式，对用关系运算描述的多个条件进行连接处理，实现多个条件的判断。

例如，免费乘坐公交车的条件是 70 岁以上的老人和 10 岁以下的儿童。

年龄＞＝70 Or 年龄＜＝10　　　　　'两个条件满足一个即可，故用 Or 连接

又如，某单位招聘程序员的条件是：年龄小于 35、学历本科、男性。

年龄＜35 And 性别＝"男" And 学历＝"本科"　　'三个条件需同时满足，故用 And 连接

注意：

逻辑运算两端的操作数也可以是非逻辑类型。系统会自动按"非 0 为真，0 为假"的规则，将非 Boolean 型转化成 Boolean 型。如：

"a" And "b"　　'结果为 True，因为字符 a 和 b 的 ASCII 码都是非 0 值

0 And 9　　'结果为 False，因为 0 会自动转换成 False，9 会转换成 True

3.3.4　字符串运算符与字符串表达式

Visual Basic 中的字符串运算符有两个："＆"和"＋"，其功能都是将两个字符串连接起来生成一个新的字符串，但两者的使用是有区别的。

（1）"＆"是正规的字符串运算符，会将两端出现的任意类型的操作数转换为字符型数据，然后进行连接运算。

注意：

使用"&"时,要在"&"和操作数之间加入一个空格。否则,系统将"&"看做是长整型数据的类型符。

（2）"＋"号两边的运算对象均是字符型数据时才把"＋"号当做字符串连接运算符;如果两边都是数值型数据则按算术加法运算;若一个为数字型字符,另一个是数值型,则自动将数字字符转换为数值,然后进行算术运算;若有一个是非数字字符型,而另一个是数值型,则会出错。

例 **3.2** 验证字符串连接符"&"和"＋"的区别。

```
Private Sub Command1_Click()
    Print "计算机" & "程序设计语言"
    Print 120 & 9
    Print120 & True
    Print 120 & "abc"
    Print "123"+"456"
    Print "abc"+"1234"
    Print "120"+9              '运算结果:129,因为有一边是数值型,做加法运算
    Print "120"+True           '运算时 True 转换为-1,结果:119
    Print "abc"+9              '"类型不匹配"错误
End Sub
```

运行上述程序后,结果如图 3-4 所示。

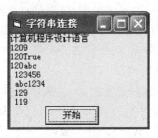

图 3-4 字符串运算符演示

3.3.5 日期表达式

日期类型是一种特殊的数值型数据,它们之间只能进行加、减运算。

（1）两个日期型数据相减,结果是一个数值型数据,得到的是两个日期相差的天数。例如：

＃12/7/2011＃ －＃12/5/2011＃	'结果为 2
＃12/31/2011＃ －＃1/1/2012＃	'结果为-1

（2）日期型数据加上（或减去）一个数值,结果为日期型。例如：

＃12/7/2011＃ ＋2	'结果为＃12/9/2011＃,即 2011 年 12 月 9 日
＃12/7/2011＃ －2	'结果为＃12/5/2011＃,即 2001 年 12 月 5 日

3.3.6 表达式的类型转换及执行顺序

1. 表达式的类型转换

在算术运算中,如果参与运算的数据具有不同的数据类型,为防止数据丢失,Visual Basic 规定其运算结果的数据类型以精度较高的数据类型为准(即占字节多的数据类型),即

Integer<Long<Single<Double<Currency

只是当 Long 型数据与 Single 型数据运算时,计算结果为 Double 型数据。

2. 执行顺序

当一个表达式中出现多种不同类型的运算符时,不同类型的运算符之间的优先级如下:

算术运算符>字符运算符>关系运算符>逻辑运算符

优先级相同的,计算顺序为从左到右。括号内的运算优先进行,嵌在最里层括号内的计算最先进行,然后依次由里向外执行。

3.4 常用函数

函数是完成某些特定运算的程序模块,在程序中要使用一个函数时,只要给出函数名和相应的参数,就能得到它的函数值。Visual Basic 中有两类函数:内部函数和用户定义函数。内部函数也称为标准函数,按其功能分为数学函数、转换函数、字符串函数、日期函数和格式输出函数等。用户定义函数是由用户自己根据需要定义的,具体内容将在后面的章节中详细介绍。本节主要介绍一些常用的内部函数。

以下叙述中,我们用 N 表示数值表达式、C 表示字符表达式、D 表示日期表达式。

3.4.1 字符串函数

从前面的 String 字符串类型的说明可知,Visual Basic 中的字符串长度以字符为单位,每个西文字符和每个汉字都作为一个字符,占两个字节。这与传统的概念有所不同,原因是 Visual Basic 中采用的是 Unicode 编码(国际标准化组织(ISO)字符标准)来存储和操作字符串。Unicode 字符集用两个字节表示一个字符。

在 Visual Basic 中,对字符串的操作和处理大多数使用内部函数完成,Visual Basic 提供大量的字符串函数,给字符类型变量的处理带来了极大的方便。常用字符串函数见表 3-6。

表 3-6　字符串函数

函数名	说　明	实例	结果
Len(C)	字符串 C 长度	Len("HELLO 你好")	7
LenB(C)	字符串 C 所占的字节数	LenB("HELLO 你好")	14
Left(C,N)	取出字符串 C 左边 N 个字符	Left("ABCDEFG",3)	"ABC"
Right(C,N)	取出字符串 C 右边 N 个字符	Right("ABCDEFG",3)	"EFG"
Mid(C,N1[,N2])	取字符子串,在 C 中从第 N1 位开始向右取 N2 个字符,缺省 N2 到结束	Mid("ABCDEFG",2,3)	"BCD"
InStr([N1,]C1,C2[,M])	在 C1 中从 N1 开始找 C2,省略 N1 从头开始找,返回值为 C1 在 C2 中的位置,若找不到为 0	InStr(2,"EFABCDEFG","EF")	7
Replace(C,C1,C2[,N1][,N2][,M])	在字符串 C 中从 N1 开始用 C2 替换 C1,替代 N2 次	Replace("ABCDABCD","AB","9")	"9CD9CD"
Ltrim(C)	去掉字符串 C 左边空格	Ltrim("□□□ABCD")	"ABCD"
Rtrim(C)	去掉字符串 C 右边空格	Rtrim("ABC□□")	"ABC"
Trim(C)	去掉字符串两边的空格	Trim("□□ABC□□□")	"ABC"
Join(A[,D])	将数组 A 各元素按 D(或空格)分隔符连接成字符串变量	A=array("123","abc","d")　Join(A,"")	"123abcd"
Split(C[,D])	将字符串 C 按分隔符 D(或空格)分隔成字符数组,与 Join 作用相反	S=Split("123、你、abc","、")	S(0)="123"　S(1)="你"　S(2)="abc"
Space(N)	产生 N 个空格的字符串	Space(2)	"□□"
String(N,C)	返回由 C 中首字符组成的长度为 N 的字符串	String(3,"hill")	"hhh"
StrReverse(C)	将字符串反序	StrReverse("ABCDE")	"EDCBA"

说明：

　　函数的自变量中有 M,用来表示是否要区分大小写。M＝0 区分,M＝1 不区分,省略 M 为区分大小写。

3.4.2 日期和时间函数

Visual Basic 的常用日期函数见表 3-7。

表 3-7　日期函数

函数名	说　明	实　　例	结果
Date	返回系统日期	Date()	2012/1/1
Time	返回系统时间	Time	11:26:53 AM
Now	返回系统日期和时间	Now	2012/1/1 11:26:53 AM
Day(C|D)	返回日期代号(1~31)	Day("97,05,01")	1
Hour(C|D)	返回小时(0~24)	Hour(#1:12:56PM#)	13
Minute(C|D)	返回分钟(0~59)	Minute(#1:12:56PM#)	12
Month(C|D)	返回月份代号(1~12)	Month("97,05,01")	5
MonthName(N)	返回月份名	MonthName(1)	一月
Second(C|D)	返回秒(0~59)	Second(#1:12:56PM#)	56
WeekDay(C|D)	返回星期代号(1~7),星期日为1,星期一为2……	WeekDay("2012,6,1")	6
WeekDayName(N)	将星期代号(1~7)转换为星期名称,1为星期日,2为星期一……	WeekDayName(5)	星期四
Year(C|D)	返回年代号	Year(Now)	2012
DateAdd(日期形式,增减量,要增减的日期)	对要增减的日期变量按日期形式(见表3-8)做增减	DateAdd("ww",2,#2/14/2000#)	#2/28/2000#
DateDiff(日期形式,日期1,日期2)	返回两个指定的日期按日期形式相差的日期	DateDiff("d",Now,,#2/14/2012#)	44

注意:

日期函数中自变量"C\|D"表示可以是字符串表达式,也可以是日期表达式。

表 3-8　日期形式及意义

日期形式	yyyy	q	m	y	d	W	ww	H	n	s
意义	年	季	月	一年的天数	日	一周的日数	星期	时	分	秒

3.4.3 数学函数

数学函数主要用于各种数学运算,函数返回值的数据类型为数值型,参数的数据类型也为数值型。

表 3-9 Visual Basic 常用数学函数

函数名	功　　能	实例	返回值
Rnd[(x)]	产生[0~1]之间的随机数	Rnd	[0~1]之间的数
Sin(x)	求 X 的正弦值	Sin(0)	0
Cos(x)	求 X 的余弦值	Cos(0)	1
Tan(x)	求 X 的正切值	Tan(45 * 3.14/180)	1
Atn(x)	求 X 的反正切值	Atn(1)	0.785398
Sqr(x)	求 X 的平方根	Sqr(2)	1.414214
Abs(x)	求 X 的绝对值	Abs(−100)	100
Sgn(x)	求 X 的符号	Sgn(−100)	−1
Exp(x)	求 e^x 的值	Exp(2)	7.389056
Log(x)	求 X 的自然对数值	Log(7.389056)	2
Fix(x)	固定取整(去掉小数部分)	Fix(−8.96)	−8
Int(x)	最大的不超过 x 的整数	Int(10.8) Int(−10.8)	10 −11
Round(x)	四舍五入取整	Round(10.8) Round(−10.8)	11 −11

说明:

(1) 随机函数 Rnd[(x)]的功能是每调用一次就产生一个[0~1]的单精度随机数。

其中,x 是可选参数,x 的值将直接影响随机数的产生过程。当 x<0 时,每次产生相同的随机数;当 x>0(系统默认值)时,产生与上次不同的新随机数;当 x=0 时,每次产生的随机数与上次产生的随机数相同。

Rnd 常与取整函数配合使用,可产生指定区间的随机(任意)整数。产生[a,b]区间内的任意整数,可用下面的表达式实现:

$$Round(Rnd * (b−a)+a)$$

或

$$Int(Rnd * (b−a+1)+a)$$

如,要产生 100~350 之间的任一整数可表达为:

$$Round(Rnd * (350−100)+100) \text{ 或 } Int(Rnd * (350−100+1)+100)$$

为了保证每次运行时产生不同序列的随机数,需要先执行 Randomize 语句。形式如下:

Randomize

(2) 三角函数 Sin、Cos、Tan 的参数是以弧度为单位。度与弧度的换算公式为:

$$1 度＝3.141592/180(弧度)$$

(3) Atn 的参数是正切值,返回值是以弧度为单位的正切值。

$$Tan(45 * 3.141592/180)＝1$$
$$Atn(1)＝0.785398(弧度)＝45(度)$$

(4) 符号函数 Sgn 的返回值有三种:

x 为 0 时,返回值是 0;

x 为正时,返回值是 1;

x 为负时,返回值是 -1。

3.4.4 类型转换函数

转换函数用于进行数据的类型或表示形式的转换,以便进行数据运算或加工处理。常见的转换函数见表 3-10。

表 3-10 常用转换函数

函数名	功　　能	实　例	结果
Asc(C)	字符串的首字符转换成 ASCII 码值	Asc("A")	65
Chr(N)	ASCII 码值转换成字符	Chr(65)	"A"
Lcase(C)	大写字母转换成小写字母	Lcase("ABC")	"abc"
Ucase(C)	小写字母转为大写字母	Ucase("abc")	"ABC"
Hex(N)	十进制转换成十六进制	Hex(100)	64
Oct(N)	十进制转换成八进制	Oct(100)	144
Str(N)	数值转换为字符串	Str (123.4)	"123.4"
Val(C)	数字字符串转换为数值	Val("123ab")	123

说明:

(1) Str 函数将非负数值转换为字符串后,会在转换后的字符串前面添加空格即数值的符号位。例如,str(498)的结果是" 498"而不是"498"。

(2) Val 函数将数字字符串转换为数值类型,当字符串中出现数值类型规定的字符外的字符,则停止转换,函数返回的是停止转换前的结果。例如表达式 Val("-123.4abc123")的结果是 -123.4。表达式 Val("-123.4E2")结果为 -12340,E 为指数符号。

(3) Visual Basic 中还有其他类型转换函数,如 Cint、Cdate、Cstr 等,请读者查阅相关帮助文档。

3.4.5 格式输出函数

格式输出函数 Format()可以使数值、日期或字符串按指定的格式输出,返回值是字符类型。格式输出函数一般用于 Print 方法中。形式如下：

Format(表达式[,格式字符串])

其中：

表达式:要格式化的数值、日期或字符串类型表达式。

格式字符串:表示按其指定的格式输出表达式的值。格式字符串有三类:数值格式、日期格式和字符串格式。

注意:

格式字符串要加引号。

1. 数值格式化

数值格式化是将数值表达式的值按"格式字符串"指定的格式输出。详见表 3-11。

表 3-11　常用数值格式符及实例

符号	作　用	数值表达式	格式字符串	显示结果
♯	用♯占一个数位,小数位超出规定位数按四舍五入截取	123.456	"♯♯.♯" "♯♯♯♯.♯♯♯♯"	123.5 123.456
0	用 0 占一个位数,实际数位不足时补 0,整数位超出不限,小数位超出规定时处理同♯	123.456	"00.0" "0000.0000"	123.5 0123.4560
.	加小数点	1234	"0000.00"	1234.00
,	千分位	123456.7	"♯♯,♯♯0.00"	123,456.70
%	数据乘 100 加%后缀	1.23456	"♯♯♯♯.00%"	123.46%
$	加美元符前缀	123.456	"$ ♯.♯♯"	$ 123.46
+	加"+"号前缀	123.456	"+♯.♯♯"	+123.46
—	加"—"号前缀	123.456	"—♯.♯♯"	—123.46
E+	用指数表示	0.1234	"0.00E+00"	1.23E—01
E—	用指数表示	1234.567	".00E—00"	.12E04

说明:

对于符号"0"或"♯",相同之处是:若要显示数值表达式的整数部分位数多于格式字符串的位数,按实际数值显示;若小数部分的位数多于格式字符串的位数,按四舍五入显示;不同之处是:"0"按其规定的位数显示,"♯"对于整数前的 0 或小数后的 0 不显示。

2. 日期时间格式化

日期和时间格式化是将日期类型表达式的值或数值表达式的值按"格式字符串"指定的格式输出。详见表 3-12。

表 3-12　常用日期格式符及实例

格式符	作用	数据项	格式参数	格式化显示
d	用 1～31 显示	♯9/8/2011♯	"d"	8
dd	用 01～31 显示	♯9/8/2011♯	"dd"	08
ddd	显示星期英文缩写	♯9/8/2011♯	"ddd"	thur
dddd	显示星期英文全称	♯9/8/2011♯	"dddd"	thursday
m	用 1～12 显示	♯9/8/2011♯	"m"	9
mm	用 01～12 显示	♯9/8/2011♯	"mm"	09
mmm	显示引文缩写月份	♯9/8/2011♯	"mmm"	sep
mmmm	显示引文全称月份	♯9/8/2011♯	"mmmm"	september
yy	用 2 数据位显示	♯9/8/2011♯	"yy"	11
yyyy	用 4 数据位显示	♯9/8/2011♯	"yyyy"	2011
h	用 1～24 显示	♯15:9:2♯	"h"	15
hh	用 01～12 显示	♯3:9:2♯	"hh"	03
m	用 0～59 显示	♯15:9:2♯	"m"	9
mm	用 00～59 显示	♯15:9:2♯	"mm"	09
s	用 0～59 显示	♯15:9:2♯	"s"	2
ss	用 00～59 显示	♯15:9:2♯	"ss"	02
AM/PM(am/pm)	午前 AM(am) 午后 PM(pm)	♯15:9:2♯	"AM/PM" "(am/pm)"	PM pm
A/P(a/p)	午前用 A(a) 午后用 P(p)	♯15:9:2♯	"A/P" "(a/p)"	P p

说明：

时间分钟的格式说明符 m、mm 与月份的说明符相同，区分的方法是：跟在 h、hh 后的为分钟，否则为月份。

例 3.3　下面是 Format 函数的示例，运行结果如图 3-5 所示。

```
Private Sub Command1_Click()
    Print Format(2.71828, "♯♯♯♯♯.♯♯")
    Print Format(2.71828, "00000.00")
    Print Format(271828, "$♯,♯♯♯,♯♯♯.♯♯")
    Print Format(0.18, "♯♯♯.♯♯%")
    Print Format(0.18, "0.000E+00")
    Print Format(Time, "ttttt")        '"ttttt"显示完整时间(默认格式为 hh:mm:ss)
    Print Format(Date, "dddddd")       '"dddddd"显示完整长日期(yyyy 年 m 月 d 日)
End Sub
```

图 3-5　运行结果

3.4.6　其他函数

Visual Basic 的内部函数十分丰富,常见的还有如下一些函数:

1. TypeName( )

TypeName(参数)是数据类型测试函数。
其参数可以是变量、常量、表达式等,返回值是参数的数据类型名。例如:
X="医学院"
Print TypeName(x)　　　　　　　　　'返回值为 String

2. IsNumeric( )

IsNumeric(参数)是数字字符测试函数。
参数通常为字符型变量,当为数字字符时返回逻辑值为 True,是字母字符或其他字符时返回值为 False。常用来判断文本框从键盘接受的是否是数字字符。

3. IsEmpty( )

IsEmpty(变量)判断变量是否已被初始化。若已初始化,返回逻辑值 False,否则返回True。

4. IIF( )

IIF(表达式 1,表达式 2,表达式 3)是条件测试函数。根据表达式 1 值的真(True)或假(False),确定函数返回值。若表达式 1 的值为 True,返回表达式 2 的值;否则,返回表达式3 的值。例如:
Grade1=IIF(mark<60, "不及格","及格")
Grade2=IIF(mark<60, "不及格", IIF(mark<85, "良好","优秀"))

5. Shell( )

Shell(命令字符串[,窗口类型])调用能在 Windows 下运行的可执行程序。该函数是一个动作函数,可用它启动运行后缀为 .exe、.com、.bat 的程序,而不论这些程序是否是用Visual Basic 语言编写的。要求参数中给出要运行程序的全称(路径＋文件名＋后缀),但如果是操作系统的自带软件(安装系统时自行安装的软件,如附件中的软件),则可省略路径。常用调用形式如下:
Shell("calc. exe)　　　　　　　　　　　'calc. exe 附件中的计算器可省略路径
Shell("D:\Program Files\China Mobile\Fetion\Fetion. exe")
　　　　　　　　　　　　　　　　　'自行安装的飞信软件,要求文件全称

以上代码运行界面见图 3-6。

图 3-6　计算器界面和飞信界面

3.5　程序设计中的基本语句

一个完整的计算机程序通常包含三个部分：输入、处理、输出。输入数据是指把要加工的数据通过某种方式输入到计算机的存储器中，经过处理、运算后得出结果，再通过输出语句把结果输出到指定设备，如显示器、打印机或磁盘等。在 Visual Basic 中可以通过对文本框或标签赋值、InputBox 函数、MsgBox 函数和 Print 方法等实现数据的输入输出。在程序设计中，赋值语句、输入语句和输出语句均是最基本的语句。

3.5.1　赋值语句

在前面的例子中，已经在代码中使用了一种最基本的命令语句：赋值语句。赋值语句可以将指定的值赋给某个变量或对象的某个属性，例如：

a＝2　　　　　　　　　　　　　'把数值 2 赋值给变量 a
Label1. Caption＝"VB 程序"　　'把"VB 程序"字符串赋值给 Label1 的 Caption 属性
　　　　　　　　　　　　　　'即在标签上显示该字符串

1. 赋值语句的形式

赋值语句的一般形式为：
　　　变量名＝表达式
或
　　　对象名. 属性＝表达式
赋值语句的作用是先计算右边表达式的值，然后将值赋给（存放到）左边的变量。

说明：

（1）在赋值语句中，"＝"不是等号，而是一个表示"保存"的符号，含义是：将"＝"号右端的运算结果存放在"＝"左端符号代表的计算机内存单元中，所以"＝"也称为赋值号。

（2）赋值号左边只能是变量，不能是常量、常数符号或表达式。下面均为错误的赋值语句：

```
9＝x＋y                    '左边是常量
x＋y＝9                    '左边是表达式
Int(x)＝9                  '左边是函数，即表达式
```

（3）赋值语句中的"表达式"可以是算术表达式、字符串表达式、关系表达式。另外，赋值号两边的数据类型必须一致，否则可能会出现"类型不匹配"的错误。

（4）当把逻辑型值赋值给数值型变量时，True 转换为－1，False 转换为 0；反之当把数值赋给逻辑型变量时，非 0 转换为 True，0 转换为 False。

（5）不能在一条赋值语句中，同时给多个变量赋值。

如要将 x、y、z 三个变量赋值为 1，如下书写语法上没错，但结果不正确：

```
Dim x%,y%,z%              '执行完该语句后 x、y、z 的值是 0
x＝y＝z＝1
```

Visual Basic 在编译时，将右边两个"＝"作为关系运算符处理，最左边的一个"＝"作为赋值运算处理。执行该语句时，先进行"y＝z"比较，结果为 True(－1)，接着进行"True＝1"比较，结果为 False(0)，最后将 False 赋值给 x。因此最后三个变量的值还是为 0。

为上述三个变量赋值的正确方法是用三条赋值语句分别完成：

$$x＝1:y＝1:z＝1$$

（6）赋值号与关系运算符"＝"，虽然所用符号相同，但 Visual Basic 系统不会产生混淆，会根据所处的位置自动判断是何种意义的符号。系统判断规则是：在条件表达式中出现的是等号，否则是赋值号。

（7）赋值语句的常用形式如 sum＝sum＋1，表示累加。取 sum 变量中的值加 1 后再赋值给 sum，如 sum 值为 2，执行 sum＝sum＋1 后，sum 的值为 3。

2. 赋值号两边类型不同时的处理

（1）当表达式为数值型，但与左边变量精度不同时，强制转换成左边变量的精度。例如：

```
n%＝2.3                   'n 为整型变量，转换时四舍五入，n 的结果为 2
```

（2）当表达式是数字字符串，左边变量是数值类型，自动转换成数值类型再赋值，但当表达式有非数字字符串或空串时，则出错。例如：

```
n%＝"2.3"                 'n 中的结果是 2.3
n%＝"2a3"                 '出现"类型不匹配"错误
n%＝""                    '出现"类型不匹配"错误
```

3.5.2 数据的输入和输出

Print 方法常用作数据的输出。在实际应用中，如果出现频繁的人机交互，应使用输入对话框函数 InputBox() 和输出对话框函数 MsgBox()。

1. InputBox( )函数

在 Visual Basic 中,数据输入的方式主要有两种:一种是使用文本框这样具有输入功能的控件,优点是功能较强,形式灵活,缺点是需要增加相应的控件;另一种方式是使用 InputBox( )函数,只需一行代码就可实现输入功能。

InputBox( )函数显示一个能接受用户输入的对话框,等待用户输入内容,当用户单击"确定"按钮或按回车键时,函数返回用户在此对话框中输入的信息,其返回值的类型为字符串。使用对话框一次只能输入一个数据,函数形式如下:

InputBox(信息内容[,标题][,默认值][,x 坐标位置][,y 坐标位置])

该函数有 5 个参数,其含义如下:

(1)信息内容:该项不能省略,是字符串表达式,在对话框中作为信息显示。若要在多行显示,必须在每行行末加回车 Chr(13)和换行控制符 Chr(10),或直接使用 Visual Basic 内部常数 vbCrLf。

(2)标题:字符串表达式,在对话框的标题区显示。若省略,则把应用程序名放入标题栏中。

(3)默认值:字符串表达式,当在输入对话框中无输入时,则该默认值作为输入的内容。

(4)x 坐标位置、y 坐标位置:整型表达式,坐标确定对话框左上角在屏幕上的位置,屏幕左上角为坐标原点,单位为 Twip。

注意:

各项参数次序必须一一对应,除了"信息内容"项不能省略外,其余各项均可省略,如果指定了后面的参数而省略了前面的参数,则必须保留中间的逗号。例如:

s=InputBox("请输入学历","本科")   '标题省略,默认值为本科

例 3.4 利用 InputBox 函数,编写一个输入学生姓名的对话框,输入完成后,把输入的学生姓名打印在窗体上。

```
Private Sub Form_Click()
    Dim sName As String           'sName 是自定义的一个字符串变量
    sName=InputBox("请输入学生姓名","InputBox 例子","张三")     '"张三"是默认值
    Print sName                   '在窗体上显示输入的学生姓名
End Sub
```

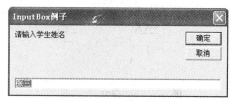

图 3-7 InputBox 对话框

2. MsgBox( )函数

MsgBox( )函数用于在程序运行过程中显示一些提示性的消息,或要求用户对某个问题作出"是"或"否"的判断。MsgBox 的使用方法有两种:语句方式和函数方式。

MsgBox 函数方式用法如下：

　　MsgBox(信息内容[,按钮][,标题])

MsgBox 语句方式用法如下：

MsgBox(信息内容[,按钮][,标题])

该函数有 3 个参数，其含义如下：

(1) 信息内容和标题：意义与 InputBox 函数中对应的参数相同。

(2) 按钮：整型表达式，它决定消息框中按钮的数目和类型以及出现在消息框上的图标类型，其设置见表 3-13。

表 3-13　按钮设置值及含义

分　组	内部常数	按钮值	功能说明
按钮数目	VbOKOnly	0	只显示"确定"按钮
	VbOKCancel	1	显示"确定"、"取消"按钮
	VbAbortRetryIgnore	2	显示"终止"、"重试"、"忽略"按钮
	VbYesNoCancel	3	显示"是"、"否"、"取消"按钮
	VbYesNo	4	显示"是"、"否"按钮
	VbRertyCancel	5	显示"重试"、"取消"按钮
图标类型	VbCritical	16	显示严重错误图标
	VbQuestion	32	显示询问信息图标
	VbExclamation	48	显示警告信息图标
	VbInformation	64	信息图标
默认按钮	VbDefaultButton1	0	第 1 个按钮为默认
	VbDefaultButton2	256	第 2 个按钮为默认
	VbDefaultButton3	512	第 3 个按钮为默认
模式	VbApplicationModal	0	应用模式
	VbSystemModal	4096	系统模式

以上按钮的四组方式可以组合使用（可以用内部常数形式或按钮值形式表示）。要得到图 3-8 所示的界面，语句为：s＝MsgBox("密码错误"，5＋vbExclamation，"警告")。其中"按钮"设置可以为：5＋vbExclamation、5＋48、53、VbRertyCancel＋48 等，效果相同。

图 3-8　MsgBox 对话框

其中，应用模式建立的对话框，必须响应对话框才能继续当前的应用程序。若以系统模式建立对话框时，所有的应用程序都被挂起，直到用户响应了对话框为止。

MsgBox 函数返回值记录了用户在消息框中选择了哪一个按钮，函数值的具体含义见表 3-14。

表 3-14 **MsgBox** 函数返回值及含义

返回值	内部常数	说明
1	vbOK	用户单击了"确定"(OK)按钮
2	vbCancel	用户单击了"取消"(Cancel)按钮
3	vbAbort	用户单击了"终止"(Abort)按钮
4	vbRetry	用户单击了"重试"(Retry)按钮
5	vbIgnore	用户单击了"忽略"(Ignore)按钮
6	vbYes	用户单击了"是"(Yes)按钮
7	vbNo	用户单击了"否"(No)按钮

例 3.5 利用 MsgBox 函数,制作一个 100 以内的加法器,并给出每道题的评语。结果如图 3-9 所示。

```
Private Sub Command1_Click()    '使用随机函数出题
    Dim a As Integer，b As Integer
    Randomize
    a＝Int(Rnd * 100)＋1
    b＝Int(Rnd * 100)＋1
    Text1. Text＝a
    Text2. Text＝b
    Text3. Text＝""
    Text3. SetFocus
End Sub
Private Sub Command2_Click()    '判断结果
    Dim c As Integer，s As String
    c＝Val(Text1. Text)＋Val(Text2. Text)
    s＝IIf(c＝Trim(Val(Text3. Text)),"恭喜,答对了","遗憾,答错了")
    MsgBox "本次答题的结果是:" & vbCrLf & s, 1＋64＋0＋0,"判断结果"
End Sub
```

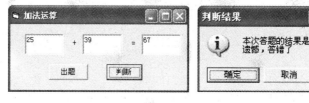

图 3-9 计算并判断计算结果

3. Print *方法*

Print 方法可以在窗体、图片框或打印机等对象中输出文本字符串或表达式的值,其形式如下:

[对象.]Print[定位函数][输出表达式列表][分隔符]

说明：

(1) 对象：可以是窗体、图片框或打印机。如果省略了对象，则在窗体上直接输出。

(2) 定位函数：Spc(n)用于在输出时插入 n 个空格。

　　　　　Tab(n)定位于从对象最左端算起的第 n 列。

　　　　　若无定位函数，由对象的当前位置(CurrentX 和 CurrentY 属性)决定。

(3) 表达式列表：是一个或多个表达式，可以是数值表达式或字符串。对于数值表达式，将输出表达式的值；对于字符串，则原样输出。如省略表达式列表，则输出一空行。

(4) 分隔符：用于输出各项之间的分隔，有逗号和分号，表示输出后光标的定位。

　　　　　分号(;)光标定位在上一个显示的字符后。

　　　　　逗号(,)光标定位在下一个打印区(每个 14 列)的开始位置处。

输出列表最后没有分隔符，表示输出后换行。

例 3.6 使用 Print 方法，在窗体上输出如图 3-10 所示的图形。

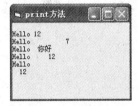

图 3-10 运行界面

```
Private Sub Form_Click()
    Print
    Print "Hello"; 12
    Print "Hello",3+4
    Print "Hello"; Spc(2);"你好"
    Print "Hello"; Tab(10); 12
    Print "Hello"; Tab(2); 12
End Sub
```

注意：

(1) Spc 函数表示两个输出项之间的间隔；Tab 函数从对象的左端开始计数，当 Tab(i) 中 i 的值小于当前位置的值时，则重新定位在下一行的第 i 列。

(2) Print 方法不但有输出功能，还有计算功能，也就是对于表达式先计算后输出。

一般 Print 方法在 Form_Load 事件过程中使用时，不显示输出数据，原因是窗体的 AutoRedraw 属性默认为 False。若在窗体设计时在属性窗口将 AutoRedraw 属性设置为 True，则其输出内容可显示在窗体上。

3.6　Visual Basic 程序书写规则

任何程序设计语言都有自己的语法格式和编码规则。Visual Basic 和其他程序设计语言一样，编写代码也都有一定的书写规则，其主要规则如下：

1. 多条语句写在同一行上

一般情况下，书写程序时最好一行写一条语句。但有时也可以使用复合语句行，就是把几条语句写在一行中，语句之间用冒号":"隔开。例如：

　　a=2:b=3:c=a+b

2. 语句续行

当一条语句太长,可用续行符"_"(空格＋下划线,注意空格不能省略)将语句分为多行。

3. 语句注释

通过注释给程序语句做出解释,能提高程序可读性。注释可以 Rem 开头,但一般用撇号"'"引导注释内容。用撇号引导的注释可以直接出现在语句后面。

程序运行时,注释内容不被执行,故单撇号"'"或 Rem 关键字的另一个用途是能将有问题的语句从程序中隔离出来,便于进行调试。

另外我们可以使用"编辑"工具栏的"设置注释块"、"解除注释块"按钮,使选中的若干行语句(或文字)成为注释或取消注释。

4. 不区分字母大小写

程序中不区分字母的大小写,Ab 与 AB 等效。

5. 代码自动转换

为了提高程序的可读性,Visual Basic 对用户程序代码进行自动转换。

(1)对于程序中的关键字,首字母总被转换成大写。若关键字由多个英文单词组成,它会将每个单词首字母转换成大写。

(2)对于用户自定义的变量、过程名,Visual Basic 以第一次定义的为准,以后输入的自动向首次定义的转换。

6. 输入时属性、方法提示

若对象名拼写正确,在其后输入"."时会出现属性及方法列表提示,用户可以根据提示从中选择。这样一方面可以避免输入错误;另一方面可以加快代码输入的速度。

习 题 三

一、基本概念题

1. 说明下列哪些是 Visual Basic 合法的常量,并分别指出它们的类型。

100.0	%10	123D3	123,456	0100
"ABCD"	"1234.5"	#2004/10/7#	100#	π
&O78	&H123	True	−1123!	345.54#
VB258	Sgn	88Ai	A\B	取消

2. 下列数据哪些是变量,哪些是常量,是什么类型的常量?

Name	"name"	False	"11/16/99"	"120"	n
#11/21/2011#	6e−5	123	PI	"正确"	8!

3. 下列符号中,哪些是 Visual Basic 的合法变量名?

A123	a12_3	123_a	a,123	a 123	Integer

XYZ　　　　False　　　　Sin(x)　　　变量名　　　sinx　　　　π

4. 把下列数学表达式写成 Visual Basic 表达式。

(1) $x+y+z^5$　　　　(2) $(1+xy)^6$　　　　(3) $\dfrac{10x+\sqrt{3y}}{xy}$

(4) $\dfrac{-b+\sqrt{b^2-4ac}}{2a}$　　　(5) $\dfrac{1}{\dfrac{1}{r_1}+\dfrac{1}{r_2}+\dfrac{1}{r_3}}$　　　(6) $\text{sinsin}45°+\dfrac{e^{10}+\ln10}{\sqrt{x+y+1}}$

5. 写出下列表达式的值。

(1) 123+23Mod10\7+Asc("A")

(2) Int(68.555 * 100+0.4)/100

(3) "ZXY"&123& "abc"

(4) True Xor Not 10

(5) 8=6 And 8<6

(6) #5/5/2004# −5

(7) "Sum"& 2001

(8) "BG"+"147"

6. 写出下列函数的值。

(1) Left("Hello VB! ",3)

(2) Fix(−3.14159)

(3) Sqr(Sqr(81))

(4) Len("Visual Basic 程序设计")

(5) Int(Abs(99−100)/2)

(6) Sgn(7 * 3+2)

(7) LCase("Hello VB! ")

(8) Mid("Hello VB! ",4,3)

(9) Ltrim(" 6982")

(10) Str(−459.55)

(11) Month(#5/4/2004#)

(12) String(3, "Good")

(13) InStr(2, "asdfasdf", "as")

(14) Chr("76")

7. 写出能产生下列随机数的表达式。

(1) 产生一个在区间(0,20)内的随机数；

(2) 产生一个在区间[40,65]上的随机整数；

(3) 产生一个两位的随机整数；

(4) 产生 C～K 内的随机字母。

二、选择题

1. 可以同时删除字符串前导和尾部空格的函数是_____。

　　A. Ltrim　　　　　B. Rtrim　　　　　C. Trim　　　　　D. Mid

2. 函数 Int(Rnd(1)＊10)是在哪个范围产生随机整数_____。

    A.(0,1)   B.(0,9)   C.(1,10)   D.(1,9)

3. 表达式 $16/4-2^3*8/4 \text{Mod} 5\backslash 2$ 的值是_____。

    A. 14   B. 4   C. 20   D. 2

4. 在下列表达式中,非法的是_____。

    A. a＝b＋c   B. a＞b＋c   C. a≠b＞c   D. a＜b＋c

5. 数学关系式 3≤x＜10 表示成正确的 Visual Basic 表达式为_____。

    A. 3＜＝x＜10   B. x＞＝3 And x＜10

    C. x＞＝3 Or x＜10   D. 3＜＝x And ＜10

6. 已知 A＝″12345678″,则表达式 Val(Left(A,4)＋Mid(A,4,2))的值是_____。

    A. 123456   B. 123445   C. 8   D. 6

7. 下面正确的赋值语句是_____。

    A. x＋y＝30   B. y＝3π＊r＊r   C. y＝x＋30   D. 3y＝x＋1

8. 为了给 x、y、z 三个变量赋初值 1,正确的赋值语句是_____。

    A. x＝1:y＝1:z＝1   B. x＝1,y＝1,z＝1

    C. x＝y＝z＝1   D. x,y,z＝1

9. 赋值语句 g＝123＋Mid(″123456″,3,2)执行后,变量 g 中的值是_____。

    A. ″12334″   B. 123   C.12334   D.157

10. 表达式 a＋b＝c 是_____。

    A.赋值表达式   B.字符表达式   C.算术表达式   D.关系表达式

11. 表达式 Not(a＋b＝c－d)是_____。

    A.逻辑表达式   B.字符串表达式   C. 算术表达式   D.关系表达式

12. 如果 x 是一个正实数,对 x 的第 3 位小数四舍五入的表达式是_____。

    A. 0.01＊Int(x＋0.005)   B. 0.01＊Int(100＊(x＋0.005))

    C. 0.01＊Int(100＊(x＋0.05))   D. 0.01＊Int(x＋0.05)

13. 下列哪组语句可以将变量 a、b 的值互换_____。

    A. a＝b:b＝a   B. a＝a＋b:b＝a－b:a＝a－b

    C. a＝c:c＝b:b＝a   D. a＝(a＋b)/2:b＝(a－b)/2

14. 下列 4 个字符串进行比较,最小的是_____。

    A. ″9977″   B. ″B123″   C. ″Basic″   D. ″DATE″

15. 下列逻辑表达式中,其值为 True 的是_____。

    A.″b″＞″ABC″   B. ″THAT″＞″THE″

    C. 9＞″H″   D. ″A″＞″a″

16. 语句 Print Format(″HELLO″,″＜″)的输出结果是_____。

    A. HELLO   B. hello   C. He   D. he

17. MsgBox()函数的返回值的类型是_____。

    A. 整数   B. 字符串   C. 逻辑值   D. 日期

18. 语句 Print ″123＊10″的输出结果是_____。

    A. ″123＊10″   B. 123＊10   C. 1230   D. 出现错误信息

三. 程序阅读题

1. 执行以下程序后,输出的结果是_____。

```
Private Sub Form_Click()
    a="ABCD"
    b="efgh"
    c=LCase(a)
    d=UCase(b)
    Print c+d
End Sub
```

2. 执行以下程序后,输出的结果是_____。

```
Private Sub Form_Click()
    Dim sum As Integer
    sum%=19
    sum=2.23
    Print sum%; sum
End Sub
```

3. 执行以下程序后,程序输出的结果是_____。

```
Private Sub Form_Click()
    x=2：y=4：z=6
    x=y：y=z：z=x
    Print x；y；z
End Sub
```

四. 操作题

1. 利用 InputBox() 输入三角形三条边的长度 a、b、c,计算并显示三角形的面积。计算三角形面积的公式为:

$$area = \sqrt{s(s-a)(s-b)(s-c)},\text{其中 } s = (a+b+c)/2$$

2. 编写一个应用程序,初始界面如图 3-11(a)所示。程序运行时,单击"开始"按钮,弹出如图 3-11(b)所示的对话框,要求用户输入一个任意的角度值,单击"确定"按钮后,程序根据输入的数据把相关的三角函数值按一定的格式输出到窗体上。程序的运行结果如图 3-11(c)所示。

图 3-11(a)

图 3-11(b)

图 3-11(c)

第四章

Visual Basic 程序控制结构

程序是为解决某一问题而将有关命令按照一定的控制结构组成的命令序列。Visual Basic 开发应用程序包括两个方面：一是利用可视化编程技术设计应用程序界面；二是利用结构化程序设计思想编写事件过程代码。而结构化程序设计具有三种控制结构：顺序结构、选择结构和循环结构。利用这三种基本控制结构，可以编写出各种复杂的应用程序。

4.1 顺 序 结 构

在介绍顺序结构之前我们简单介绍一下算法的概念。

图灵奖得主 N. Wirth 有一个著名论断"程序＝算法＋数据结构"。从这个式子中我们可以看出算法在程序设计中的重要性。什么是算法？算法是解决一个问题采取的方法和步骤的描述，是程序的灵魂。算法是为帮助程序开发人员阅读、编写程序而设计的一种辅助工具，程序则必须符合某一计算机语言的语法规则。下面通过一个简单的例子加以说明：

例 4.1 输入三个数，然后输出其中最大者。

分析：将输入的三个数依次存入变量 A、B、C 中，设变量 MAX 存放其中的最大数。其算法如下：

（1）输入变量 A、B、C。

（2）比较 A 与 B，将较大的一个放入 MAX 中。

（3）比较 C 与 MAX，将较大的一个放入 MAX 中。

（4）输出 MAX，MAX 即为 A、B、C 中的最大数。

由此可见，在进行程序设计时，我们首先要分析问题的求解步骤，即进行算法分析，确定了算法，结合具体的数据结构就可以完成程序的设计了。

顺序结构指程序按"从上到下"的顺序依次执行程序中的每一条语句，其中用到的最典型的语句是:赋值语句、输入输出语句以及其他的计算语句,如加、减、乘、除等数学运算。顺序结构的流程图如图 4-1 所示。

下面通过一个例子说明顺序结构的特点。

例 4.2　编写程序交换两个变量中的数据。

分析:变量其实是内存中的一个储存单元,一个变量只能存放一个数据,当把新的数据存放到某一变量中,该变量原先存放的数据就不再存在了。要交换两个变量中的数据,我们可以引入一个中间变量作为暂存单元来实现,类似于交换两个杯子里的溶液,需借助第三个杯子。程序如下(如无特殊说明,本章代码都以 Form_Click 事件过程为例):

图 4-1　顺序结构流程图

Dim x％,y％,t％ As Integer 　　　　　'x,y 是要交换的两个变量,t 是中间变量

　　　x＝10

　　　y＝20

　　　t＝x

　　　x＝y

　　　y＝t

Print x;y

4.2　选 择 结 构

计算机要处理的问题往往复杂多变,仅采用顺序结构是不够的。在解决实际问题时常需要对某一条件进行判断,再根据条件的判断结果,选择执行不同的程序段(分支)。选择结构也称分支结构,其特点是根据给定的条件的真与假决定实际执行的操作。在 Visual Basic 中,实现选择结构的语句主要有 If 语句和 Select Case 语句。下面一一进行介绍。

4.2.1　简单分支结构(单分支)

用 If…Then 结构有条件地执行一条或多条语句。可分为单行结构和块结构两种,其语法结构为:

(1) 单行结构:If ＜条件表达式＞ Then 语句序列

(2) 块结构:If ＜条件表达式＞ Then

　　　　　　　语句序列

　　　　　　End If

条件表达式通常是关系表达式或逻辑表达式,也可以是算术表达式,Visual Basic 将这个算术表达式的值解释为 True 或 False,为零的数值看作 False,非零的看作 True。

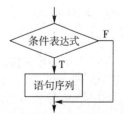

图 4-2　单分支结构流程图

条件为 True 时则执行 Then 后面的语句序列;条件为 False 时,没有指明要执行的语句,直接转到 If 结构的后面继续执行,因此称为单分支结构。图 4-2 为单分支结构流程图。

例 4.3　已知两个数 x 和 y，比较它们的大小，若 x 小于 y 则进行交换。

分析：只需判断 x 是否小于 y，满足条件则进行两个变量的交换，不满足条件不交换。

```
If x<y Then
    t＝x
    x＝y
    y＝t
End If
```

或使用行结构：　If　x<y Then t＝x：x＝y：y＝t

注意：

（1）行结构是简单的 If 形式，Then 后只能是一条语句或多条语句，如果有多条语句，也必须在一行上书写，语句间用"："分隔，不能换行，无需 End If 结尾。

（2）块结构中 Then 后面的语句必须换行书写，并以 End If 作为选择结构的结束标志。

例 4.4　使用输入对话框输入三个数 x, y, z，按照从大到小的顺序输出显示。

分析：首先，变量要声明为数值类型，如果声明为字符串进行比较不能得到正确结果。其次，三个数的排序，可以通过两两比较实现。

```
Dim x％，y％，z％
x＝Val(InputBox("输入第一个数 x："))
y＝Val(InputBox("输入第二个数 y："))
z＝Val(InputBox("输入第三个数 z："))
Print "排序前的三个数为："；x；y；z
If x<y Then t＝x：x＝y：y＝t
If x<z Then t＝x：x＝z：z＝t
If y<z Then t＝y：y＝z：z＝t
Print "排序后的三个数为："；x；y；z
```

思考：输入三个数，如何输出其中的最大数？

提示：前两个数比较得到较大数，得到的较大数再和第三个数比较，实现语句如下：

```
If x>y Then Max＝x Else Max＝y
If z>Max Then Max＝z
```

4.2.2　双分支结构

简单分支结构仅在条件为 True 时，明确指出执行什么语句，条件为 False 时未做说明。如果程序要求在条件为 False 时，也要求执行特定的代码，则可使用双分支结构来实现。双分支也有行结构和块结构两种，格式如下：

（1）行结构：If ＜条件表达式＞ Then 语句序列 1 Else 语句序列 2

（2）块结构：If ＜条件表达式＞ Then

　　　　　　　　语句序列 1

　　　　　　Else

　　　　　　　　语句序列 2

　　　　　　End If

执行过程:先判断条件表达式的值,若值为 True,则执行 Then 后面的语句序列 1;若值为 False,则执行 Else 后面的语句序列 2;执行了相应的语句序列后,再继续执行 End If 后面的语句。图 4-3 为双分支结构流程图。

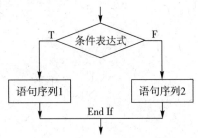

图 4-3　双分支结构流程图

例 4.5　已知某市出租车的收费标准是起步价 6 元 2.5 公里,超过 2.5 公里时,每公里加收 1.2 元,实际收费按照四舍五入计算到整元。试编写出租车计价程序。

分析:设变量 x 表示乘坐出租车的里程,y 表示应付款,根据题意可得对应公式如下:

$$y = \begin{cases} 6 & x \leqslant 2.5 \\ 6 + (x - 2.5) * 1.2 & x > 2.5 \end{cases}$$

行结构:

x＝Val(InputBox("输入里程数:"))

If x＞2.5 Then y＝6＋(x−2.5) * 1.2 Else y＝6

Print "应付款为"; Round(y); "元"

块结构:

x＝Val(InputBox("输入里程数:"))

If x＞2.5 Then

　y＝6＋(x−2.5) * 1.2

Else

　y＝6

End If

Print "应付款为"; Round(y); "元"

4.2.3　多分支结构

实际问题中常常会面临多种不同的选择,在 Visual Basic 中可通过 IF 语句的嵌套或多分支选择结构实现。

1. If 语句的嵌套

If 语句的嵌套是指 If 或 Else 后面的语句块中又包含 If 语句。

If ＜条件表达式 1＞ Then

　语句序列 1

Else

```
If <条件表达式2> Then
    语句序列2
Else
    语句序列3
End If
    ……
```
End If

注意：

（1）为了便于阅读，代码通常采用缩进格式书写。

（2）每个 If 语句必须与 End If 配对使用，即有几个 If 就要有几个 End If。

例 4.6 有如下数学函数，输入 x，要求输出 y 的值。

$$y = \begin{cases} \sqrt{x}+1 & x>0 \\ 0 & x=0 \\ |x| & x<0 \end{cases}$$

分析：从上面的公式可以看出，自变量 x 的取值有三种情况，y 的值对应也有三种，使用简单双分支就不能完成了，这时可以通过 If 语句的嵌套来实现。

程序代码如下：

```
Dim x As Single，y As Single
x＝Val(InputBox("请输入 x 的值:"))          '从键盘输入 x 的值
If x＞0 Then
    y＝sqr(x)＋1
Else
    If x＝0 Then
        y＝0
    Else
        y＝abs(x)
    End If
End If
Print "y＝"; y
```

2. If…Then…ElseIf 语句

当出现多层 If 语句嵌套时，程序比较冗长且容易出现嵌套错误，为了简化书写，Visual Basic 提供了带 ElseIf 的 If 语句。格式如下：

```
If <条件表达式1> Then
    语句序列1
ElseIf <条件表达式2> Then
        语句序列2
        ……
```

ElseIf ＜条件表达式 n＞ Then

　　　　语句序列 n

〔Else

　　　　语句序列 n＋1〕

End If

多层 IF 语句的执行过程如图 4-4 所示。依次对给定的条件表达式进行判断,若条件表达式 i(1≤i≤n)的值为 True 时,执行语句序列 i,然后退出选择结构;如果所有的条件都不成立,就执行 Else 后面的语句,若无 Else 语句,则退出选择结构,执行 End If 后面的语句。

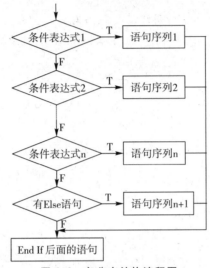

图 4-4　多分支结构流程图

注意:

(1) 不管有几个分支,依次判断,当某条件 i 为真,执行相应的语句序列 i,其余分支不再执行,即执行第一个满足条件的分支。

(2) 若条件都不满足,且有 Else 子句,则执行 Else 后面的语句序列,否则什么也不执行。

(3) ElseIf 不能写成 Else If。

例 4.7　输入三角形的三条边 a,b,c,根据输入的数值判断能否构成三角形。若能构成三角形进一步说明是否是等边三角形、等腰三角形或者直角三角形,如果都不是,显示任意三角形。

分析:构成三角形的条件是任意两边之和大于第三条边,当有多个条件需要同时满足时,使用逻辑运算符 And 进行连接,当需要满足多个条件中的至少一个时使用运算符 Or 连接。

```
Dim a!, b!, c!
a＝Val(InputBox("输入第一条边"))
b＝Val(InputBox("输入第二条边"))
c＝Val(InputBox("输入第三条边"))
If a＋b＞c And b＋c＞a And a＋c＞b Then        '两边之和大于第三边
    MsgBox "能构成三角形"
    If a＝b And b＝c Then                    '三条边相等
        MsgBox "等边三角形"
```

```
        ElseIf a＝b Or b＝c Or a＝c Then          '任意两边相等
            MsgBox"等腰三角形"
        ElseIf Sqr(a＊a＋b＊b)＝c Or Sqr(b＊b+c＊c)＝a Or Sqr(a＊a＋c＊c)＝b Then
            MsgBox"直角三角形"
        Else
            MsgBox"任意三角形"
        End If
    Else                                          'Else 对应第一个 If
        MsgBox"不能构成三角形"
    End If
```

例 4.8 已知某课程的百分制成绩 score,要求转换成对应五级制的评定 grade,转换标准为:90 分以上(含 90)为优,80～90 为良(含 80),70～80 为中(含 70),60～70 为及格(含 60),60 分以下为不及格。

分析:由于给定的条件有 5 种情况,因此应该选择多分支结构编写程序。

程序代码如下:

```
score＝Val(InputBox("请输入学生百分制成绩:"))'从键盘输入百分制成绩存入 score
If score ＞＝90 Then
    grade="优"
ElseIf score ＞＝80 Then
    grade="良"
ElseIf score ＞＝70 Then
    grade="中"
ElseIf score ＞＝60 Then
    grade="及格"
Else
    grade="不及格"
End If
MsgBox"该生等级制成绩为:" & grade
```

如果把多分支结构语句写成如下形式则是错误的:

```
If score ＞＝60 Then
    grade="及格"
ElseIf score ＞＝70 Then
    grade="中"
ElseIf score ＞＝80 Then
    grade="良"
ElseIf score ＞＝90 Then
    grade="优"
Else
    grade="不及格"
End If
```

上面的程序运行结果只有"及格"和"不及格"两种情况,为什么? 因为程序执行到第一个条件为 True 的分支后不会继续进行判断,而是直接退出 If 结构。如何修改? 有两种方法:(1) 将条件中的">="改为"<"再依次书写语句,即,从小到大或者从大到小依次进行判断;(2) 不考虑条件的次序,在条件中用 And 运算符连接条件区间。

利用 If…Then…ElseIf 语句可以实现对多种情况的判断,但是如果情况很复杂,判断的层次多,程序的结构就会显得很不清晰。因此,Visual Basic 提供了另一种更清晰、执行效率更高的多分支结构语句:Select Case 语句。

3. Select Case(情况语句)

格式如下:
Select Case <变量或表达式>
　　　Case <表达式列表 1>
　　　　　语句序列 1
　　　Case <表达式列表 2>
　　　　　语句序列 2
　　　　　……
　　　[Case Else
　　　　　语句序列 n+1]
End Select

Select Case 语句的执行过程:首先计算 Select Case 后面的表达式的值,然后依次与 Case 表达式列表进行比较,若有满足条件的,就执行与该 Case 对应的语句序列,执行完毕转到 End Select 之后继续执行,不再与其他的 Case 语句进行比较。当所有的 Case 后表达式的值都不能与测试表达式的值匹配时,执行 Case Else 后面的语句序列。程序的控制流程如图 4-5 所示。

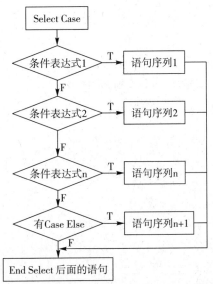

图 4-5 Select Case 多分支结构流程图

说明：

变量或表达式的类型与 Case 后的表达式类型必须相同,是下面 4 种形式之一：

(1) 表达式或固定值。

如 Case 100,Case "A"

(2) 一组用逗号分隔的枚举值。

如 Case 2,4,6,8

(3) 表达式区间"下限值 To 上限值",指定一个取值范围。

如 Case "a" To "z",Case 1 to 10

(4) Is 关系运算符表达式,可以配合关系运算符来指定一个数值范围。

如 Case Is<60

在表达式列表中,上述几种形式在数据类型相同的情况下可以混合使用。例如:

Case "a" To "z", Is "X"

Case "c", "D", "Q"

Case 2, 4, 6, 8, Is>10

注意：

(1) "表达式列表"中不能出现"变量或表达式"中出现的变量。

(2) "变量或表达式"中只能对一个变量进行多种情况的判断。

例 4.9 使用 Select Case 语句来实现例 4.8 的程序段如下:

```
score＝Val(InputBox("请输入学生百分制成绩:"))
Select Case score              'score 作为测试条件,只能出现一个变量
    Case 90 to 100
        grade="优"
    Case 80 to 89
        grade="良"
    Case 70 to 79
        grade="中"
    Case 60 to 69
        grade="及格"
    Case Else
        grade="不及格"
End Select
```

思考:如何将区间表示法改为 Is 关系运算符表示法? 例如,将语句"Case 90 to 100"改为"Case score ＞＝90"是否正确? 改为"Case Is ＞＝90"又如何? 请读者思考。

例 4.10 某商场为了促销,采用购物打折的优惠办法,每位顾客一次购物:

(1) 不足 100,没有优惠;

(2) 100 元以上,不足 500,九五折优惠;

(3) 500 元以上,不足 1000,九折优惠;

(4) 1000 元以上,不足 2000,八五折优惠;

（5）2000 元以上，八折优惠。

分析：设购物款为 x 元，实际付款为 y 元，由题意得出优惠付款公式为：

$$y = \begin{cases} x & x < 100 \\ 0.95x & 100 \leqslant x < 500 \\ 0.9x & 500 \leqslant x < 1000 \\ 0.85x & 1000 \leqslant x < 2000 \\ 0.8x & x \geqslant 2000 \end{cases}$$

程序代码如下：

```
Dim x As Single，y As Single
x＝Val(InputBox("请输入购物款数 x 的值："))
Select Case x
    Case Is<100
        y＝x
    Case Is <500
        y＝0.95 * x
    Case Is <1000
        y＝0.9 * x
    Case Is <2000
        y＝0.85 * x
    Case Else
        y＝0.8 * x
End Select
Print "实际应付款为："; y; "元"
```

由上面的例题我们可以看出，多分支结构用 Select Case 语句实现时条件书写更灵活、简洁，比用 If…Then…ElseIf 语句直观，程序可读性强。但并不是所有的多分支结构都可以用 Select Case 实现，对多个变量的条件判断只能用 If 的多分支结构来实现。

例 4.11　判断坐标点 (x, y) 落在哪个象限。

代码一

```
If x > 0 And y >0 Then
    MsgBox("在第一象限")
ElseIf x<0 And y > 0 Then
    MsgBox("在第二象限")
ElseIf x<0 And y<0 Then
    MsgBox("在第三象限")
ElseIf x > 0 And y <0 Then
    MsgBox("在第四象限")
End If
```

代码二

```
Select Case x,y
    Case x > 0 And y > 0
        MsgBox("在第一象限")
    Case x<0 And y > 0
        MsgBox("在第二象限")
    Case x<0 And y<0
        MsgBox("在第三象限")
    Case x > 0 And y <0
        MsgBox("在第四象限")
End Select
```

上面代码一是正确的,而代码二存在两个错误:(1)Select Case 结构只能对一个变量进行判断,而上面出现了 x 和 y 两个变量;(2)Case 后的条件表达式中不能出现变量及有关运算符。

4.3 循 环 结 构

计算机最重要的功能之一就是按规定的条件,重复执行某些操作。而这也是实际应用中经常用到的。例如输入全校学生的成绩、求若干个数之和等。对于这类问题,Visual Basic 提供了循环语句。循环是指在程序设计中,从某处开始有规律地反复执行某一程序块的现象,重复执行的程序块称为"循环体"。使用循环可以避免重复不必要的操作,简化程序,节约内存,从而提高效率。Visual Basic 提供了多种循环结构语句,比较常用的有以下三种:

(1) For…Next 循环结构

(2) Do…Loop 循环结构

(3) While…Wend 循环结构

4.3.1 For…Next 循环

如果已知循环次数,使用 For…Next 结构语句很方便。格式如下:

For 循环变量 =初值 To 终值 [Step 步长]

　　语句序列 1

　　[Exit For]

　　语句序列 2

Next 循环变量

For…Next 循环语句的执行过程是:首先把初值赋给循环变量,接着检查循环变量的值是否超过终值(遵循"先检查,后执行"的原则),如果超过就停止执行循环体,跳出循环,执行 Next 后面的语句;否则执行一次循环体,然后把"循环变量+步长"的值赋给"循环变量",并重复上述过程。For 循环结构的流程图如图 4-6 所示。

说明:

(1) 循环变量、初值、终值为数值型,循环变量作为循环计数器,初值和终值表示循环变量的变化范围。

(2) 步长用以决定执行一次循环后,循环变量值的改变大小,其值可以是正数(递增循环),也可以是负数(递减循环),但不能为 0。当步长为正数时,终值应大于初值,若为负数,则终值应小于初值。如果步长为 1 可以省略。

(3) 语句序列称为循环体,满足循环条件时可以反复执行。

(4) 循环次数=Int((终值-初值)/步长+1)。

(5) Exit For 是可选项,可以出现在循环体内的任何位置,用于在一定条件下退出 For 循环,执行 Next 后的语句。Exit For 通常和条件判断语句配合使用,使得循环操作能在特殊情况下提前终止。

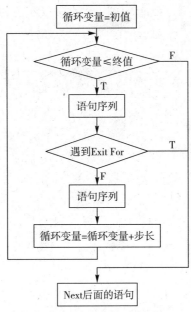

图 4-6　For 循环流程图

例 4.12　计算 1～100 的和,即 1+2+3+…+100。

分析:设变量 i 为循环变量,初值和终值根据题意分别为 1 和 100,步长为 1。变量 sum 为求和结果,这是一个累加操作,在循环体内做加法运算。

程序代码如下:

```
Dim i%, sum%
sum=0
For i=1 To 100                    '步长为1,省略
    sum=sum+i
Next i                            '执行到 Next 语句时,循环变量 i 自动执行+1 的操作
Print sum
```

思考:若要求 1～100 之间的奇数和或者偶数和应该如何修改代码?(提示:修改步长以及循环变量的初值。)

例 4.13　编程输出 10～100 之间分别能被 5 和 7 整除的自然数的个数。

分析:根据题意循环变量初值为 10,终值为 100,步长为 1。整除的条件我们可以用 Mod 运算符进行判断。

程序代码如下:

```
s5=0: s7=0                        's5,s7 分别表示能被 5 和 7 整除的自然数个数
For i=10 To 100
    If i Mod 5=0 Then s5=s5+1
    If i Mod 7=0 Then s7=s7+1
Next i
Print s5; s7
```

例 4.14 求 10！

分析：这是一道求阶乘的题，整数 N 的阶乘表示为 N！，求法为从 1 连续相乘至 N 为止，即 1＊2＊3＊…（N−2）＊（N−1）＊N，题中 10！＝1＊2＊3＊4＊5＊6＊7＊8＊9＊10，规定 0！＝1。由于阶乘运算的增长速度特别快（比 2^n 的增长速度快），因此我们定义存放阶乘结果的变量时一般至少设置为 Long 或者 Double 类型，不能设置为 Integer 类型，否则会出现溢出错误。

程序代码如下：

```
Dim m as Long,x as Integer        'm 存放阶乘结果,x 作为循环变量
m＝1
For x＝1 to 10
    m＝m＊x
Next x
Print m
```

除了用循环求解阶乘，我们还可以使用过程的递归实现，这在后面的章节中介绍。

例 4.15 从键盘输入一个大于 2 的整数，判断其是否为素数。

分析：素数指只能被 1 和自身整除的整数。判断整数 N 是不是素数的基本方法是：将 N 分别除以 2，3，…，N−1，若都不能整除，则 N 为素数。又因为 N＝Sqr(N)＊Sqr(N)，所以，当 N 能被大于等于 Sqr(N) 的整数整除时，一定存在一个小于等于 Sqr(N) 的整数，使 N 能被它整除，因此为了提高程序效率，只要判断 N 能否被 2，3，…，Sqr(N) 整除即可。

程序代码如下：

```
Dim m％,n％,k％
m＝Val(InputBox("输入一个大于 2 的整数 m:"))
n＝Int(Sqr(m))                    '求出循环变量的终值
For k＝2 To n
    If m Mod k＝0 Then Exit For    'm 不是素数,无需继续判断,退出循环,此时 k<＝n
Next k
If k＞n Then                       '根据 k 和 n 的关系判断 m 是否是素数
    Print m;"是素数"
Else
    Print m;"不是素数"
End If
```

例 4.16 随机产生 20 个 10−100 之间的整数，输出其中的最大值，最小值以及平均值。

分析：产生随机数需要使用 Rnd 随机函数，它可以产生 [0,1) 范围内的小数，若要产生 [L,U] 范围内的整数，则使用通式 Int(Rnd＊(U−L+1)+L)。

程序代码如下：

```
Dim i％,max％,min％,sum％,avg％
max＝10:min＝100:sum＝0:avg＝0
For i＝1 To 20                    '循环 20 次,产生 20 个随机数
```

```
    x＝Int(Rnd＊(100－10＋1)＋10)
    Print x；
    If x＞max Then max＝x
    If x＜min Then min＝x
    sum＝sum＋x
Next i
Print
avg＝sum/20
Print max；min；avg
```

上面的几个例题都是已知循环的起始值和终止值，用 For 循环实现的，如果事先无法判断循环的执行次数，则可以用 Do 循环实现。

4.3.2　Do…Loop 循环

Do 循环可以根据循环条件的成立与否来决定是否执行循环，使用方法比较灵活。Do 循环主要有两种语法格式：前测型循环结构和后测型循环结构。

形式 1（前测型）：　　　　　　　　形式 2（后测型）：
Do｛ While｜Until ｝＜条件＞　　　Do
　　语句序列　　　　　　　　　　　　语句序列
　　［Exit Do　　　　　　　　　　　　［Exit Do
　　语句序列］　　　　　　　　　　　语句序列］
Loop　　　　　　　　　　　　　　Loop｛ While｜Until｝＜条件＞

说明：

（1）形式 1 为先判断条件后执行，有可能一次也不执行循环体；形式 2 为先执行循环体后判断条件，因此至少执行一次循环体。

（2）关键字 While 用于指明条件为 True 时，执行循环体，当条件为 False 时退出循环；关键字 Until 用于指明条件为 False 时，执行循环体，直到条件为 True 时退出循环。

（3）如果省略｛ While｜Until｝＜条件＞，表示无条件循环，此时循环体内必须要有 Exit Do 语句用于退出循环，否则就成了死循环，即循环会无终止地反复进行下去。

（4）与 For 循环不同，Do 循环结构没有专门的循环变量，如果条件中有变量用于控制循环是否终止，则循环体内必须用显式表达式改变此变量的值。而在 For 循环中遇到 Next 时，程序会隐式改变循环变量的值。

（5）程序中使用 While 关键字的循环称为"当型循环"，使用 Until 关键字的循环称为"直到型循环"。因此根据 While 和 Until 在程序中出现的位置，Do 循环具有四种结构流程图，如图 4-7 所示。

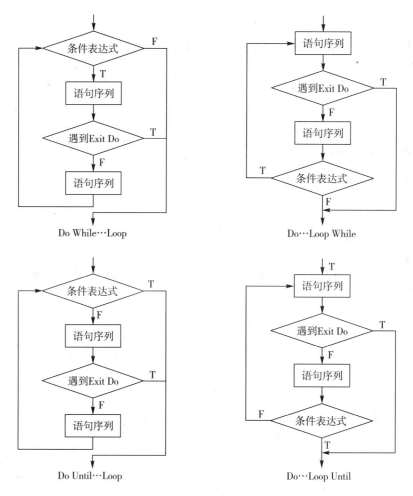

图 4-7　Do 循环流程图

例 4.17　我国有 13 亿人口,按人口年增长 0.8％计算,多少年后我国人口超过 26 亿?

分析:解此问题有两种方法,可根据下面的公式,直接利用标准对数函数求得,但求得的结果不一定为整数。

$$26＝13×(1+0.008)^n$$

$$n＝\frac{\log(2)}{\log(1.008)}$$

也可利用循环求得,程序代码如下:

```
x＝13
n＝0
Do While x＜26          'x 初值为 13 亿,不到 26 亿时,继续执行循环体
    x＝x＊1.008
    n＝n＋1
Loop
Print n
```

例 4.18　要求用户从键盘输入数据,如果是非负数,累加求和,直到输入负数程序终

止,并输出用户输入的数据之和。

分析:假设用户输入的数据用变量 x 保存,如果 x 不为负数,累加到变量 sum 中,如果 x 是负数则退出循环。

```
sum＝0
x＝0
Do While x＞＝0
    sum＝sum＋x
    x＝Val(Inputbox("请输入数","输入框"))
Loop
Print sum
```

上述程序中首先假设 x 为 0,满足 While 条件,在执行循环体的过程中,再接收用户的输入,并返回 While 处进行判断,如果 x＞＝0 则进行累加,否则退出循环。假设我们省略 While 条件语句,则必须在循环体内使用 Exit Do 强制退出循环,程序代码如下:

```
sum＝0
x＝0
Do
    If x＜0 Then Exit Do        'x为负数则退出循环,否则进行累加
    sum＝sum＋x
    x＝InputBox("请输入数","输入框")
Loop
Print sum
```

思考:如何利用 Until 条件实现本例题? 提示:Until 条件和 While 条件正好相反,Until 后面的条件为真时退出循环,为假时执行循环。程序如下:

```
sum＝0
x＝0
Do Until x＜0
    sum＝sum＋x
    x＝Val(Inputbox("请输入数","输入框"))
Loop
Print sum
```

例 4.19　用 Do 循环结构实现例 4.12。

分析:Do 循环有四种实现方式,使用前测当型循环实现的代码如下:

```
Dim s As Integer, n As Integer
s＝0:n＝1
Do While n＜＝100
    s＝s＋n
    n＝n＋1
Loop
Print s
```

思考:如何用 Do 循环实现例 4.14?

例 4.20　用辗转相除法求两自然数的最大公约数。

分析:求最大公约数的算法思想:

(1) 对于两数 m,n,若 m<n 进行交换,使得 m≥n。

(2) m 除以 n 得余数 r。

(3) 若 r=0,则 n 为最大公约数,程序结束;否则执行④。

(4) n 赋给 m,r 赋给 n,再重复执行②。

程序代码如下:

```
If m<n Then t=m:m=n:n=t
r=m mod n
Do While (r<>0)
    m=n
    n=r
    r=m mod n
Loop
MsgBox "最大公约数=" & n
```

4.3.3　While…Wend 循环

格式如下:

```
While 条件
      语句序列
    Wend
```

与 Do…Loop 类似,例如,下面的这段代码,执行后输出结果为 10。

```
Dim c As Integer
    c=0
While c<10
    c=c+1
Wend
Print c
```

4.3.4　循环的嵌套

如果在一个循环体内完整地包含另一个循环结构,则称为多重循环,或循环嵌套,嵌套的层数可以根据需要而定,嵌套一层称为二重循环,嵌套二层称为三重循环。多重循环的循环次数是每一重循环次数的乘积。

上面介绍的几种循环控制结构可以相互嵌套,下面是几种常见的二重嵌套形式:

（1）For I＝……
　　　……
　　　For J＝……
　　　……
　　　Next J
　　　……
　　Next i

（2）For I＝……
　　　……
　　　Do While/Until ……
　　　……
　　　Loop
　　　……
　　Next i

（3）Do While/Until……
　　　……
　　　For J＝……
　　　……
　　　Next J
　　　……
　　Loop

（4）Do While/Until……
　　　……
　　　Do While/Until ……
　　　……
　　　Loop
　　　……
　　Loop

注意：

（1）内循环变量与外循环变量不能同名。

（2）外循环必须完全包含内循环,不能交叉。

（3）不能从循环体外转向循环体内。

下面的格式中(1)(3)是正确的,(2)(4)错误,(2)错在内外循环交叉,(4)错在内外循环的循环变量同名。

（1）For i ＝1 To 10
　　　　For j＝1 To 20
　　　　……
　　　　Next j
　　　Next i

（2）For i ＝1 To 10
　　　　For j＝1 To 20
　　　　……
　　　　Next i
　　　Next j

（3）For i ＝1 To 10
　　　……
　　　Next i
　　For i ＝1 To 10
　　　……
　　Next i

（4）For i＝1 To 10
　　　　For i＝1 To 20
　　　　……
　　　　Next i
　　　Next i

例 4.21　编写程序输出如图 4-8 所示的九九乘法表。

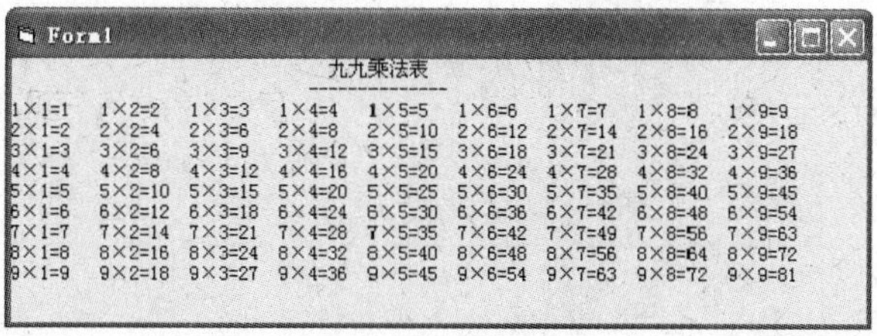

图 4-8　九九乘法表

分析:输出的是九行九列的乘法表达式,在程序设计中,解决此类问题一般使用双重循环:外层循环控制行的输出;内层循环控制列的输出。因此,本题中内外循环的循环变量取值范围相同,都是 1 到 9。

```
Print Tab(33);"九九乘法表"
Print Tab(31);"--------------"
For i=1 To 9                              '外层循环控制行的输出
    For j=1 To 9                          '内层循环控制列的输出
        Print Tab((j-1)*9+1);i & "×";j & "=" & i*j;
                                          '同行中表达式之间不换行
    Next j
    Print                                 '每行输出结束时换行
Next i
```

"i & "×"; j & "=" & i*j;"为要输出的表达式;Tab((j-1)*9+1)控制每列表达式输出的位置:j=1 时,第一列表达式从窗体的第 1 列开始输出;j=2 时,第二列的表达式从窗体的第 10 列开始输出;依此类推,最后一列表达式从窗体的第 73 列开始输出,这样每列表达式占据 9 个字符的宽度。

思考:要打印上三角或下三角格式的九九乘法表,程序如何改动?

例 4.22 编写程序输出如图 4-9 中所示的窗体上的图形。

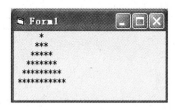

图 4-9 正三角星形

```
For i=1 To 6                    '外层循环控制输出的行数
    Print Spc(7-i);            '每一行输出的起始位置
    For j=1 To 2*i-1           '内层循环控制每一行输出的列数
        Print "*";
    Next j
    Print                       '每一行输出结束后换行
Next i
```

本题用单重循环也可以实现,程序代码如下:

```
For i=1 To 6
    Print Tab(7-i);String(2*i-1,"*")
Next i
```

程序中 String(2*i-1,"*")产生"2*i-1"个"*"号。

思考：上例中输出的是一个正三角形，如何输出一个下图所示的倒三角的图形？

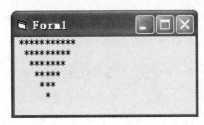

图 4-10　倒三角星形

提示：只需将 For i＝1 To 6 修改为 For i＝6 To 1 Step －1 即可。

说明：

（1）循环结构中存放累加、连乘结果的变量，其初值的设定应放在循环结构之前；多重循环中初值位置的设定根据实际情况而定。

（2）存放累加变量的初值一般设为 0，存放乘积变量的初值一般不能设为 0。

（3）循环控制变量在循环体内可以被引用，但最好不要被赋值。

（4）出现不循环或死循环时，主要从循环条件、循环变量的初值和终值以及循环步长的设置方面查找原因。

4.4　其 他 控 制 语 句

4.4.1　GoTo 语句

GoTo 语句可以改变程序的执行顺序，跳过程序的某一部分，无条件地转移到标号或行号指定的那行语句。GoTo 语句的语法格式为：

GoTo 〈标号|行号〉

注意：

（1）标号是一个以冒号结尾的标识符，首字符必须为字母，标号后应有冒号。

（2）行号是一个整型数，不能以冒号结尾。

例 4.23　编写程序计算存款利息。设本金为 1000 元，年利率为 0.02，每年复利计算利息一次，求 10 年后本利合计多少元？

分析：定义变量 p 为本金，r 为年利率，t 为年数，分别赋初值进行计算。

程序代码如下：

```
Dim p As Currency, r As Single
Dim t As Integer
    p＝1000
    r＝0.02
    t＝1
```

```
again：
If t＞10 Then GoTo 20          '满 10 年时程序跳转到行号处输出结果
i＝p * r
    p＝p＋i
    t＝t＋1
GoTo again                    '每完成一次计算,返回标号 again 处判断是否继续计算
20
Print "10 年后本息合计:"; p; "元"
```

程序中"again:"是标号;"20"是行号。

GoTo 语句会影响程序的质量,但在某些情况下还是有用的,所以大多数程序设计语言都没有取消 GoTo 语句,但是在结构化程序设计中要尽量少用或者不用 GoTo 语句,以免影响程序的可读性和可维护性。

4.4.2 Exit 退出语句

Visual Basic 中有多种形式的 Exit 语句,用于退出某种控制结构的执行。Exit 的形式包括:Exit For、Exit Do、Exit Sub、Exit Function,其中 Exit For 用于退出 For 循环,Exit Do 用于退出 Do 循环,后面两个用于退出自定义过程和函数,后面的章节再做介绍。

4.4.3 End 结束语句

独立的 End 语句用于结束一个程序的运行,它可以放在任何事件过程中。另外,在 Visual Basic 中还存在多种形式的 End 语句,在控制结构和过程中经常用到。如 End If、End Select、End Function、End Sub 等,使用时要与对应的语句配对。

4.5 调 试 程 序

随着程序的复杂性提高,程序中的错误也伴随而来。对初学者来说,出现错误并不可怕,关键是如何改正错误。失败是成功之母。上机的目的,不仅是为了验证你编写的程序的正确性,还要通过上机调试,提高查找和纠正错误的能力。Visual Basic 为调试程序提供了一组交互的、有效的调试工具,在此逐一介绍。

4.5.1 Visual Basic 运行模式

Visual Basic 有三种模式:设计模式(Design Model)、运行模式(Run Model)、中断模式(Break Model)。

1. 设计模式

启动 Visual Basic 后即进入设计模式,主窗口的标题栏上显示"设计"字样,如图 4-11 所

示,建立一个应用程序的所有步骤基本上都在设计模式下完成,包括程序的界面设计、控件的属性设置、代码的编写等。应用程序可直接从设计模式进入运行模式,但不可以进入中断模式。

2. 运行模式

进入运行模式的三种方法:单击"运行"菜单中的"启动"菜单项;单击 F5 键;单击工具条上的"启动"按钮。此时主窗口的标题栏上显示"运行"字样,如图 4-11 所示,在此阶段,可以执行程序代码,但不能修改代码。

3. 中断模式

进入中断模式有五种方法:单击"运行"菜单中的"中断"菜单项;单击工具条上的"中断"按钮;在程序中设置断点,程序执行到断点处自动进入中断模式;在程序中加入"STOP"语句,程序运行到该语句处自动进入中断模式;在程序运行过程中,如果出现错误,自动进入中断模式。中断模式下主窗口的标题栏上显示"break"字样,如图 4-11 所示。中断模式下,暂停应用程序的执行,此时可以查看代码、修改代码、检查数据。修改完程序后,可以继续执行程序。Visual Basic 所有调试手段均可以在中断模式下应用。

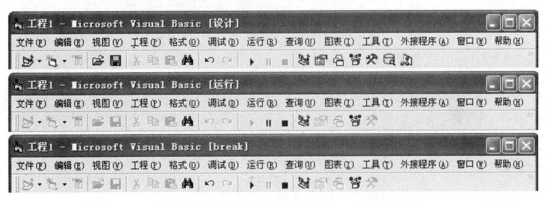

图 4-11 设计、运行和中断模式下的标题栏

4.5.2 错误类型

Visual Basic 应用程序的错误一般可分为三类:编译错误(语法错误)、运行时错误和逻辑错误。

1. 编译错误(语法错误)

编译错误通常是在语句结构(即语法)不正确时出现的错误。例如,语句没输入完、标点符号为中文格式、关键字书写错误、变量未定义、遗漏关键字、括号不匹配等。Visual Basic 具有自动语法查错功能,一般在程序编辑过程中和编译时进行检查并提示出错。例如,输入"s="后按下回车键,Visual Basic 弹出出错提示对话框,出错的部分以高亮度红色显示,如

图 4-12 所示。又如程序中定义的变量书写错误或者用到的变量没有定义，编译时出错，如图 4-13 所示。

图 4-12   程序编辑时的编译错误对话框

图 4-13   程序运行时的编译错误对话框

2. 运行时错误

语法正确但是运行时无法执行的错误叫运行时错误。该错误在编写代码时很难发现，一般在程序不能继续执行下去时才能暴露出来，此时程序会自动中断，并给出有关的错误信息。常见的运行时错误有：类型不匹配、除数为 0、数值溢出、数组越界、试图打开一个不存在的文件等。

例 4.24   例题 4.14 中计算 10!，改用下面的代码，运行时会产生数据溢出，如图 4-14 所示。

图 4-14   运行时错误对话框

```
Dim p As Integer, i As Integer
p＝1
For i＝1 To 10
    p＝p * i
Next i
Print p
```

错误原因：上面的程序中用于存放阶乘结果的变量 p 定义为整型，当求得的数值超出整型的表示范围时出现了数值溢出的错误提示。

3．逻辑错误

程序运行后，若得不到所期望的结果，这说明程序存在逻辑错误。逻辑错误一般不报告错误信息，它是由于设计错误或其他原因导致的。例如，运算符使用不正确、语句的书写次序不对、循环语句的起始值、终止值设置得不正确等。因为逻辑错误不会产生错误提示信息，故错误较难排除，需要程序员仔细地阅读分析程序，并具有调试程序的经验，在可疑代码处通过插入断点和逐语句跟踪，检查相关变量的值，分析产生错误的原因。

例 4.25　计算 $0.1+0.2+\cdots+0.9$ 的值。

程序代码如下：

```
Dim i As Single，s As Single
s＝0
For i＝0.1 To 0.9 Step 0.1
    s＝s＋i
Next i
Print s
```

正确的结果是 4.5，而上面的语句运行后得到的结果是 3.6。为什么？我们在后面进行分析。

我们要减少或克服逻辑错误，没有捷径，只能靠耐心、经验以及良好的编程习惯。

4.5.3　程序的执行方式

程序编写完成后，可以选用不同的方式对它进行执行、调试。

1．全程执行

如果一个程序设计完成后没有语法方面的错误，就可以从头开始全程执行。执行方式有：单击 F5 键、单击工具栏上的"启动"按钮▶、单击"运行"菜单下的"启动"菜单项。

2．单步执行

单步执行可以逐语句地执行程序。调试程序时，有时需要详细观察程序运行过程中的每一步的情况，比如某一个变量的变化，这时就要用到单步执行的方式了。执行方式有：单击 F8 键、单击"调试"菜单下的"逐语句"菜单项、单击"调试"工具栏上的图标按钮 。

3．单过程执行

如果一个应用程序中有很多过程，那么可以选择单过程执行方式，只执行某个过程或函数中的一条语句。执行方式有：按组合键"Shift＋F8"、单击"调试"菜单下的"逐过程"菜单项、单击"调试"工具栏上的图标按钮 。

4. 断点运行方式

断点执行方式就是在程序代码中设置一些断点,当程序执行到断点处时就会自动暂停,以方便用户对程序进行调试。设置断点的方式有:单击 F9 键、单击某代码行左边边缘处、单击"调试"菜单下的"设置断点"菜单项、单击"调试"工具栏上的图标按钮🖐。

4.5.4 调试和排错

为了分析应用程序的运行方式,Visual Basic 提供了许多有力的调试工具。在工具栏上单击右键,从快捷菜单中选择"调试",就可以打开如图 4-15 所示的"调试"工具栏,上面有几个很有用的按钮。从左到右依次为:启动、中断、结束、切换断点、逐语句、逐过程、跳出、本地窗口、立即窗口、监视窗口、快速监视、调用堆栈。

图 4-15　调试工具栏

运用这些调试工具可以对产生逻辑错误的程序进行调试,大致分为三类:设置断点、跟踪程序运行轨迹、使用调试窗口。

1. 设置断点

对例 4.25 所示的代码,按照上节内容设置断点后,这一行会被加亮显示,并且在其左边的空白区出现亮点,如图 4-16 所示。

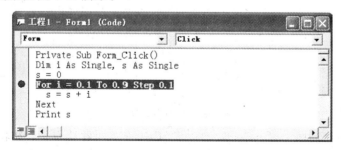

图 4-16　设置断点

程序运行时,当执行到了设置断点的代码行,程序会自动终止运行并进入中断状态,这时将鼠标放在某个变量上就可以看到变量的值,从而对程序的运算结果进行判断;同时窗口中会以黄色箭头标出下一条要执行的代码。如图 4-17 所示是程序执行第 8 次循环时循环变量的值。

从图中可以看到第 8 次循环时 i＝0.8000001,再执行 Next 语句后 i＝0.9000001,此时循环变量超出终值,因此退出循环,程序中 s 的值实际上是从 0.1 累加到 0.8,而不是累加到 0.9,所以最终结果是 3.6,而不是我们希望的 4.5。这是因为计算机在计算 Single 类型的变量时是按二进制移位进行的,也就是说,计算机本身的精度有一定的偏差。这个程序是有解决方法的,即在程序中将 i 定义为双精度类型就对了。

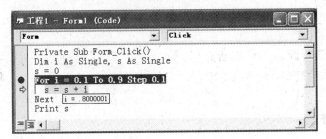

图 4-17　中断模式下变量检查窗口

2. 跟踪程序执行轨迹

　　跟踪程序执行轨迹包括逐语句、逐过程、运行到光标处等方法。当代码很长时,用户往往很难具体知道到底是哪一行发生了错误,而只知道一个大致的范围,这时可以使用断点将存在问题的代码行隔离开,然后逐行、逐语句调试这段代码。这样做虽然比较费事,但很有效。还以上面的例子为例进行说明,我们不设置断点,而是采用逐语句执行的方式,连续按 F8 直到执行最后一条语句,如图 4-18 所示,观察变量 i 的值为 0.9000001,而不是 0.9。

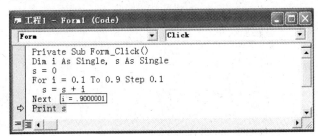

图 4-18　逐语句执行代码变量观测窗口

3. 调试窗口

　　调试窗口有立即窗口、本地窗口和监视窗口等。

　　(1) 立即窗口(Immediate Windows):可以允许用户在调试程序时,执行单个的过程、对表达式求值或者给变量赋予新的值;也可以在窗口中显示或者计算变量和表达式的值。在立即窗口中显示信息可以有三种方式:在程序中使用"Debug. Print"语句把信息输出到立即窗口、直接在立即窗口中使用 Print 方法、在表达式前使用"?"。如图 4-19 所示。

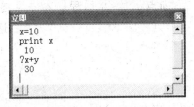

图 4-19　立即窗口

　　(2) 本地窗口(Local Windows):可用于显示当前过程中所有变量的值。这些变量只是当前过程中定义的局部变量,不包括全局变量在该过程中的值。当程序的执行从一个过程切换到另一个过程时,本地窗口中的内容将会随之变化,如图 4-20 所示,程序执行到设置的断点处自动中断并显示出本地变量的值。

图 4-20　本地窗口观测变量值

　　(3) 监视窗口(Watch Windows):可用于显示某些表达式或变量的值,以确定这样的结果是否正确,前提是在设计阶段添加监视表达式。从"调试"菜单下选择"添加监视"菜单项,弹出如图 4-21 所示的对话框,在对话框中添加需要监视的表达式或者变量即可出现监视窗口,如图 4-22 所示。

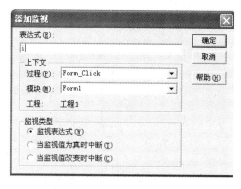

图 4-21　添加监视变量或表达式

图 4-22　监视窗口

　　通过上面几节的学习,我们初步掌握了如何编写一个 Visual Basic 应用程序,概括起来就是:首先进行算法分析,然后使用顺序、选择和循环结构设计程序。如果程序出现了错误,使用本节介绍的调试方法进行排错。

4.6　综合例题

　　例 4.26　从键盘输入年份和月份,判断输入的年份是否为闰年,该月份有多少天?
　　分析:判断是否是闰年的条件是:四年一闰,百年不闰,四百年再闰。例如,2000 年是闰年,1900 年则是平年。月份 1,3,5,7,8,10,12 是 31 天/月,4,6,9,11 月是 30 天/月,2 月的天数要根据是平年还是闰年来判断,闰年时为 29 天,平年时为 28 天。因此可用条件判断语句实现。

程序代码如下:

```
Dim y As Integer
Dim m As Integer
Dim flag As Boolean              '变量 flag 用于判断是否是闰年
y=Val(InputBox("请输入年份:"))
m=Val(InputBox("请输入月份:"))
If (y Mod 4=0 And y Mod 100<> 0) Or y Mod 400=0 Then
    MsgBox y & "是闰年"
    flag=True
Else
    MsgBox y & "不是闰年"
    flag=False
End If
Select Case m
    Case 1, 3, 5, 7, 8, 10, 12
        MsgBox m & "月有 31 天"
    Case 4, 6, 9, 11
        MsgBox m & "月有 30 天"
    Case 2
        If flag=True Then
            MsgBox m & "月有 29 天"
        Else
            MsgBox m & "月有 28 天"
        End If
End Select
```

例 4.27　编写程序实现下图所示的功能,图中运算符可以是+、−、*、/、^五种之一,当输入两个操作数和一个运算符后,单击窗体,运算结果出现在最后一个文本框中。

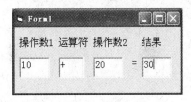

图 4-23　例题 4.27 运行界面

分析:文本框中输入的内容为字符串类型,题中要求进行的是算术运算,因此需要使用 Val 函数将字符类型转换为数值类型,但有时运行得不到我们想要的结果,原因是在文本框中输入的内容可能含有空格,对多余的空格应该使用 Trim 函数去除。另外,对于除法运算,要考虑分母为 0 的情况。

程序代码如下：

```
Dim a As Single，b As Single
a＝Val(Trim(Text1))
b＝Val(Trim(Text3))
Select Case Trim(Text2)
    Case ″＋″
        Text4＝a＋b
    Case ″－″
        Text4＝a－b
    Case ″＊″
        Text4＝a＊b
    Case ″^″
        Text4＝a＾b
    Case ″/″
        If b＝0 Then
            MsgBox ″分母不能为 0！″
            Text3＝″″
        Else
            Text4＝a/b
        End If
End Select
```

例 4.28　百元买百鸡问题：某人用 100 元钱买 100 只鸡，假定小鸡每只 5 角，公鸡每只 2 元，母鸡每只 3 元，编程求解购鸡方案。

分析：

(1) 设母鸡、公鸡、小鸡各为 x、y、z，列出方程为：

$x＋y＋z＝100$

$3x＋2y＋0.5z＝100$

三个未知数，两个方程，此题求若干个整数解。

(2) 计算机求解此类问题，采用试凑法（也称穷举法）来实现，即将可能出现的各种情况一一罗列测试，判断是否满足条件，故采用循环结构来实现。

(3) 循环变量初值和终值的设定，100 元可以购买最多 33 只母鸡，50 只公鸡，200 只小鸡，但是题目中指出最多购买 100 只鸡，因此循环变量 x 的初值和终值设置为 0 和 33，y 的初值和终值设置为 0 和 50，z 的初值和终值设置为 0 和 100－x－y。

程序代码如下：

```
Dim x％，y％，z％
Print ″母鸡″，″公鸡″，″小鸡″
For x＝0 To 33
    For y＝0 To 50
        z＝100－x－y                    '100 只的条件
```

```
    If 3 * x＋2 * y＋0.5 * z＝100 Then        '100 元的条件
        Print x，y，z
    End If
  Next y
Next x
```

例 4.29 小猴有桃若干,第一天吃掉一半多一个;第二天吃掉剩下桃子的一半多一个;以后每天都吃掉尚存桃子的一半多一个,到第 7 天只剩一个,问小猴原有桃多少?

分析:根据题意我们可以根据第 7 天的桃子数推出第 6 天的桃子数,再利用第 6 天的桃子数推出第 5 天的桃子数,依此类推,直至推出第 1 天的桃子数。此为递推法,递推(迭代)法基本思想是把一个复杂的计算过程转化为简单过程的多次重复。每次都从旧值的基础上递推出新值,并由新值代替旧值。本题中我们用后一天的数推出前一天的数。设第 n 天的桃子为 x_n,是前一天的桃子的二分之一减去 1,前一天的桃子数为 x_{n-1}。

$$即:x_n＝\frac{1}{2}x_{n-1}－1 \quad 也就是:x_{n-1}＝(x_n＋1)×2$$

程序代码如下:

```
Dim n％，i As Integer
x＝1
Print "第 7 天的桃子数为:1 只"
For i＝6 To 1 Step －1
    x＝(x＋1) * 2
    Print "第"；i；"天的桃子数为:"；x；"只"
Next i
```

例 4.30 求自然对数 e 的近似值,公式如下,要求误差小于 0.00001。

$$e = 1+\frac{1}{1!}+\frac{1}{2!}+\frac{1}{3!}+\cdots+\frac{1}{n!}+\cdots = \sum_{i=0}^{\infty}\frac{1}{i!}$$

分析:本例涉及程序设计中的两个重要运算:累加和连乘 i!。累加是在原有和的基础上再加一个数;连乘则是在原有积的基础上再乘以一个数。该题先求 i!,再将 1/i! 进行累加,循环次数未知,因此可用 Do 循环来实现。

程序代码如下:

```
Dim i As Integer，t As Long，ee As Single
i＝0
ee＝0
t＝1
Do While 1/t＞0.00001
    ee＝ee＋1/t
    i＝i＋1
    t＝t * i
Loop
Print "计算了"；i－1；"项的和是"；ee
```

例 4.31 计算 $s = 1 + \dfrac{1}{2} + \dfrac{1}{4} + \dfrac{1}{7} + \dfrac{1}{11} + \dfrac{1}{16} + \dfrac{1}{22} + \cdots$，当第 i 项的值小于 0.0001 时结束。

分析：本题与上题类似，也是利用循环求部分级数的和。解题的关键在于寻找相邻项之间的规律，并且写出通项，本题的规律是：第 i 项的分母是前一项的分母加上 i，即 $T_{i+1} = T_i + i$。事先不知道循环次数时一般应使用 Do 循环结构，但是也可以使用 For 循环结构，只需设置一个较大的循环终值即可。下面是用两种循环结构编写的代码，请读者比较。

Do While 循环结构：	For 循环结构：
Dim s As Single，t&，i&	Dim s As Single，t&，i&
s=0；t=1；i=1	s=0；t=1
Do While 1/t > 0.0001	For i=1 To 100000
s=s+1/t	s=s+1/t
t=t+i	t=t+i
i=i+1	If 1/t<0.0001 Then Exit For
Loop	Next i
Print "Do 循环"；s；i−1；"项"	Print "For 循环"；s；i；"项"

习 题 四

一. 选择题

1. Visual Basic 提供了结构化程序设计的三种基本结构，它们是_____。
 A. 递归结构、选择结构、循环结构
 B. 过程结构、顺序结构、循环结构
 C. 顺序结构、选择结构、循环结构
 D. 输入输出结构、选择结构、循环结构

2. 下列关于 Do…Loop 循环结构执行循环体次数的说法中正确的是_____。
 A. Do While…Loop 循环和 Do…Loop Until 循环至少都执行一次
 B. Do While…Loop 循环和 Do…Loop Until 循环可能都不执行
 C. Do While…Loop 循环至少执行一次，Do…Loop Until 循环可能不执行
 D. Do While…Loop 循环可能不执行，Do…Loop Until 循环至少执行一次

3. Visual Basic 有三种工作模式，下面不属于这三种模式的是_____。
 A. 设计模式　　　　B. 运行模式　　　　C. 中断模式　　　　D. 出错模式

4. 以下不属于 Visual Basic 支持的循环结构是_____。
 A. While…End　　　B. For…Next　　　C. Do…Loop　　　D. While…Wend

5. 关于 Exit For 的使用说法正确的是_____。
 A. Exit For 语句可以退出任何类型的循环
 B. 在嵌套的 For 循环中，Exit For 表示退出最内层的 For 循环
 C. 一个 For 循环中只能有一条 Exit For 语句
 D. Exit For 表示返回 For 语句继续执行

6. 下面程序段运行后显示的结果是_____。

　　　Dim x

　　　If x Then Print x Else Print x+1

A. 1　　　　　　　　B. 0　　　　　　　　C. −1　　　　　　　　D. 出错

7. 对于语句 If x=1 Then y=1,下列说法正确的是_____。

A. x=1 和 y=1 均为赋值语句

B. x=1 和 y=1 均为关系表达式

C. x=1 为关系表达式,y=1 为赋值语句

D. x=1 为赋值语句,y=1 为关系表达式

8. 执行下列语句：

　　　a=InputBox("请输入第一个数:")

　　　b=InputBox("请输入第二个数:")

　　　Print a+b

当输入为 111 和 222 时,输出的结果为_____。

A. 111222　　　　B.111　　　　　　C. 222　　　　　　D. 333

9. 下面程序段运行后显示的结果是_____。

For i=−2 To 10 Step 4

　　s=s * i

Next i

Print i

A. 6　　　　　　　　B. 10　　　　　　　C. 14　　　　　　　D. 12

10. 下面第 40 号语句和第 41 号语句分别执行了_____次。

　　30　For j=1 To 12 Step 3

　　40　　　For k=6 To 2 Step −2

　　41　　　　MsgBox (j & "" & k)

　　42　　　Next k

　　43　　Next j

A. 4,12　　　　B. 4,3　　　　　C. 1,4　　　　　D. 1,3

二、程序阅读题

1. 执行如下代码,输出的结果是_____。

A=9：B=3

A=A−B：B=B+A：A=B−A

Print "A=";A,"B=";B

2. 执行下面程序输入 4 后,输出的结果是_____。

x=InputBox("输入变量 x")

If x ^ 2<15 Then y=1/x

If x ^ 2>15 Then y=x ^ 2−1

Print y

3. 执行下面程序输入 2 后,输出的结果是_____。

```
x＝InputBox("输入 x 的值：")
Select Case Sgn(x)＋2
    Case 1
        Print x^2－1
    Case 2
        Print x＋3
    Case 3
        Print x^3＋2
End Select
```

4. 执行下面程序后,显示的结果是_____。

```
x＝Int(Rnd)＋3
Select Case x
    Case 4
        Print "优"
    Case 3
        Print "良"
    Case Else
        Print "差"
End Select
```

5. 执行下面程序后,变量 i 和 x 的值分别是_____。

```
Dim x As Integer
x＝5
For i＝1 to 10 step 3
    x＝x＋i\5
Next i
```

6. 执行下面程序输入"ABCDEF"后,输出的结果是_____。

```
s＝InputBox("输入字符串 s")
For i＝Len(s) To 1 Step －1
    Print Mid(s,i,1);
Next i
```

7. 执行如下代码,循环执行的次数是_____。

```
k＝0
Do While k＜＝10
    k＝k＋1
Loop
```

8. 执行如下代码,若输入 20,则输出的结果是_____,该程序的功能是_____。

```
Dim x$,n%
n＝Val(InputBox("请输入一个正整数："))
Do While n ＜＞ 0
```

```
    a＝n Mod 2
    n＝n\2
    x＝Chr(48＋a)＆x
  Loop
  Print x
```

9. 执行如下代码,输出的结果是_____。

```
k＝0：a＝0
Do While k＜70
    k＝k＋2
    k＝k*k＋k
    a＝a＋k
Loop
Print a，k
```

10. 执行如下代码,当在文本框中输入"ABC"3 个字符时,窗体上显示的是_____。

```
Private Sub Text1_Change()
    Print Text1;
End Sub
```

三、程序填空题

1. 取出文本框 Text1 中的内容,将其中含有的数字字符顺序取出组成新的字符串输出。例如,在 Text1 中输入"ab1cd23",输出"123"。

```
st1＝Text1. Text：st2＝""
For i＝1 To _____
    s＝Mid(st1，i，1)
    If _____ Then st2＝st2＋s
Next i
Print st2
```

2. 找出 100－999 之间的所有"水仙花数"。所谓"水仙花数"是一个三位数,其各位数的立方和等于该数本身,例:153＝1^3＋5^3＋3^3,故 153 是"水仙花数"。

```
Dim p As Integer
For n＝100 To 999
    a＝Int(n/100)
    b＝Int((n－a*100)/10)
    _____
    p＝a ^ 3＋b ^ 3＋c ^ 3
    If _____ Then
        Print n；"是水仙花数"
    End If
Next n
```

3. 编写程序,输出 1000 之内的所有完数。"完数"是指一个数恰好等于它的因子之和,如 6 的因子为 1、2、3,而 6＝1＋2＋3 因而 6 是完数。

```
For i＝1 To 1000
    Sum＝0
    For k＝1 To i - 1
        If i Mod k＝0 Then
            _____
        End If
    Next k
    If Sum＝i Then
        Print "i＝"; i; "是完数"
    End If
Next i
```

4. 编写程序,输出 100 之内的孪生素数。"孪生素数"是指两个相差 2 的素数对。

```
Dim p1 As Boolean, p2 As Boolean, i As Integer, j As Integer
p1＝True
For i＝5 To 97 Step 2
    For j＝2 To Sqr(i)
        If i Mod j＝0 Then _____
    Next j
    If j＞Sqr(i) Then p2＝True Else p2＝False
    If p1 And p2 Then
        Print i－2, i
    End If
    p1＝_____
Next i
```

5. 编写程序输出图形:

```
            A
           BBB
          CCCCC
         DDDDDDD
        EEEEEEEEE
       FFFFFFFFFFF
```

```
For i ＝ 1 To 6
    Print Spc(7－i);
    For j ＝ 1 To 2 * i － 1
        Print _____
    Next j
    Print
Next i
```

6. 用正确的内容填空,程序的功能是找出 50 以内所有能构成直角三角形的整数。

```
Dim a As Integer, b As Integer
```

```
Dim c As Single
For a＝1 To 50
    For b＝a To 50
        c＝Sqr(a＾2＋b＾2)
        If _____ Then Print a，b，c
    Next b
Next a
```

7. 程序功能是计算 $1＋1/3＋1/5＋\cdots＋1/(2N＋1)$，直到 $1/(2N＋1)＜10^{-5}$。

```
Sum＝1：n＝1
Do
    n＝n＋2
    temp＝1/n
    Sum＝Sum＋temp
    If temp＜0.00001 Then _____
Loop
Print Sum
```

8. 计算 S 的近似值，直到最后一项的绝对值小于 10^{-5} 为止。

$$S = 1 - \frac{1}{2} + \frac{1}{3} - \frac{1}{4} + \cdots + (-1)^{k+1} \frac{1}{k}$$

```
k＝1：s＝0
Do While 1/k ＞＝0.00001

    _____
    k＝k＋1
Loop
Print s
```

9. 某大赛有 7 位评委为选手打分，去掉最高分和最低分后求得平均分作为选手的成绩。

```
cj＝Val(InputBox("第 1 位评委打分"))
Max＝cj：Min＝cj：s＝cj
For i＝2 To 7
    cj＝Val(InputBox("第" & i & "位评委打分"))
    If _____ Then Min＝cj
    If _____ Then Max＝cj
    s＝s＋cj
Next i
Print "该选手的成绩为"；_____
```

10. 利用循环结构实现功能：$s = \sum\limits_{i=1}^{10} (i+1)(2i+1)$。

```
For i＝1 To 10
    s＝s＋_____
Next i
```

四、编程题

1. 编写程序，产生 50 个 [1,50] 之间的随机整数，统计其中被 6 除余 2 的整数个数。

2. 编写程序，求 $s=1+(1+2)+(1+2+3)+\cdots+(1+2+3+\cdots+n)$ 的值。其中 n 值由用户从键盘输入。

3. 假设某项税收的规定如下：

(1) 收入在 500 元以内，免征；

(2) 收入在 500~1000 元，超过 500 元的部分纳税 3%；

(3) 收入超过 1000 元时，超过的部分纳税 4%；

(4) 收入超过 2000 元时，超过的部分纳税 5%。

试编程计算税收。

4. 一只小球从 10 米高度上自由落下，每次落地后反弹回原高度的 40%，再落下。编程计算小球在第 8 次落地时，共计经过了多少米？

5. 编写程序，求出所有 100 以内的自然数对。自然数对是指两个自然数和与差都是平方数，如 8 和 17 的和为 $8+17=25$ 与其差 $17-8=9$ 都是平方数，则 8 和 17 就称为自然数对。

6. 用 InputBox 函数输入一个小于 20 的正整数，计算并在窗体上输出下面表达式的值。

$$s=\frac{1}{1*2}+\frac{1}{2*3}+\frac{1}{3*4}+\cdots+\frac{1}{n*(n+1)}$$

7. 根据式子 $\frac{\pi}{4}=1-\frac{1}{3}+\frac{1}{5}-\frac{1}{7}+\cdots+(-1)^{n+1}\frac{1}{2n-1}$，求 π 的近似值，直到最后一项小于给定的值（如 10^{-5}）为止。

8. 编写程序，在窗体上输出下面的图形：

```
           1
          222
         33333
        4444444
       555555555
      66666666666
```

9. 用一元纸币兑换一分、二分和五分的硬币，要求兑换硬币的总数为 50 枚。编程列出所有可能的兑换方案。

10. 期末考试安排某班一周 6 天内考三门课程 x,y,z，规定一天只能考一门，并且最先考 x，其次是 y，最后考 z，最后一门课 z 最早周五考。列出满足条件的方案。

第五章

数组和自定义类型

数组是 Visual Basic 提供的一种复合数据类型,它可以有效地存储和处理批量数据,同时也能够缩短和简化程序。在实际应用中,有些问题必须通过数组来解决。本章主要介绍数组的基本概念和使用方法。

5.1 数 组

5.1.1 数组的基本概念

1. 引例

在程序设计中,数组的引入是十分必要的。先看一个例子:

```
Private Sub Form_Click()
    Dim a(1 To 30) As Integer
    Dim i As Integer
    Randomize
    For i=1 To 30
        a(i)=Int(Rnd() * 50+30)
    Next i
    For i=1 To 30
        Print a(i);
        If i Mod 5=0 Then
            Print
```

```
        End If
    Next i
End Sub
```

运行结果如图 5-1 所示。

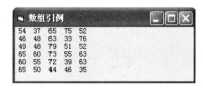

图 5-1　程序输出界面

以上程序的功能是产生 50～80 之间的 30 个随机数存入数组 a 中,并输出每个随机数。

如果用简单变量来存储这 30 个数据,则需要 30 个变量,这显然是不可行的。而在本例中,仅仅使用了一个数组,便可以存储这 30 个数据,从而避免了程序代码过于冗长,提高了程序的运行效率。

2. 数组与数组元素

数组是一组相关数据的集合。集合中的每一个数据称为一个数组元素,数组元素用一个统一的数组名和下标来唯一指定和访问。如,引例中定义了一个包含 30 个元素的数组,数组名为 a,a(i)是数组元素,i 是数组元素的下标。在使用数据组时应注意以下几点:

(1) 数组须先声明后使用,声明包括指定数组名、类型、维数及数组大小。

(2) 数组的命名原则与简单变量命名规则相同。

(3) 一般地,每个数组元素的数据类型均相同,其类型在数组声明时定义(Visual Basic 允许定义数组元素的类型不一致,但不建议使用)。

(4) 数组声明时下标的个数即为数组的维数,根据数组的维数,数组分为一维数组和多维数组。

(5) 数组声明时可将数组定义为定长数组(固定大小),或动态数组(大小可变)。

5.1.2　数组定义

根据系统为数组变量分配内存时机的不同,数组分为静态(定长)数组和动态数组两种类型,它们的定义方式也不相同。

1. 静态数组

静态数组的定义格式为:

Dim 数组名(下标 1[,下标 2,……])[As 类型]

说明:

(1) 下标必须为常数或符号常量,不能是表达式或变量。

(2) 下标的形式可以是:[下界 TO]上界。下标的最小下界为 −32768,最大上界为 +32767。可省略下界,此时默认为 0。

(3) 使用 Option Base n 语句可重新设定数组的默认下界。如：

Option Base 1

将数组默认下界设定为 1。

(4) 一维数组的大小：即数组包含元素的个数，其值为(上界－下界＋1)。

(5) 多维数组的大小：每一维的大小为(上界－下界＋1)，多维数组的大小为各维大小的乘积。

例如：

Dim mark(10) As Integer　　'定义了一个数组名为 mark 的一维数组，数据类型为整型，有 11 个元素，下标的范围 0～10。

Dim st(－3 To 3) As String * 5　　'定义了一个数组名为 st 的一维数组，数据类型为字符串类型，有 7 个元素，下标范围－3～3，每个元素最多存放 5 个字符。

Dim a(－2 To 2, 3) As Single　　'定义了一个数组名为 a 的二维数组，数据类型为单精度型，有 5 行 4 列 20 个元素，数组元素在内存中的排列顺序如图 5-2 所示。

a(-2,0)	a(-2,1)	a(-2,2)	a(-2,3)
a(-1,0)	a(-1,1)	a(-1,2)	a(-1,3)
a(0,0)	a(0,1)	a(0,2)	a(0,3)
a(1,0)	a(1,1)	a(1,2)	a(1,3)
a(2,0)	a(2,1)	a(2,2)	a(2,3)

图 5-2　二维数组图示

Dim b(2, 3, 2) As Integer　　'定义了一个数组名为 b 的三维数组，数据类型为整型，有 36 个元素，其在内存中的排列顺序如图 5-3 所示。

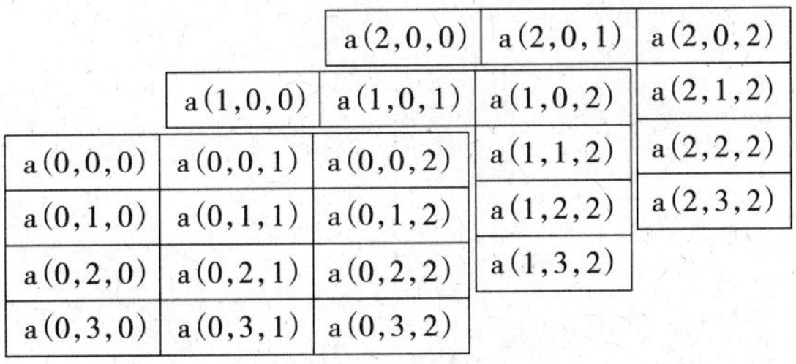
a(2,0,0)
a(2,0,1)
a(2,0,2)
a(2,1,2)
a(2,2,2)
a(2,3,2)
a(1,0,0)
a(1,0,1)
a(1,0,2)
a(1,1,2)
a(1,2,2)
a(1,3,2)
a(0,0,0)
a(0,0,1)
a(0,0,2)
a(0,1,0)
a(0,1,1)
a(0,1,2)
a(0,2,0)
a(0,2,1)
a(0,2,2)
a(0,3,0)
a(0,3,1)
a(0,3,2)

图 5-3　三维数组图示

2. 数组的引用

数组被定义后，每一个数组元素都可以看成是一个变量，凡是简单变量可以出现的地方都可以使用数组元素，既可以参加表达式的运算，也可以被赋值。所以，定义一个数组即相当于定义了若干个变量，数组在声明后即可引用数组元素，引用方法为：

数组名(下标 1[，下标 2，…])

数组的下标表示数组元素在数组中的位置，是一个顺序号，每一个下标唯一地指向一个数组元素。引用数组元素时，下标可以是整型的常量、变量、表达式，还可以是另外一个数组元素。例如：a(1)，b(x，y)，c(a(1)，a(2))。

例 5.1　编写程序,使用数组计算并输出斐波那契数列的前 20 项。

分析:斐波那契数列的各项分别是:{1,1,2,3,5,8,…},其中第 1 项和第 2 项为 1,从第 3 项开始,每项均是前两项之和。若用数组 a 存放数列,则有 a(1)=a(2)=1,从第三项开始,即当 i≥3 时,a(i)=a(i-2)+a(i-1)。

程序代码如下:

```
Private Sub Command1_Click()
    Dim a(20) As Integer              '定义一维数组来存放数列的各项
    Dim i%
    a(1)=1: a(2)=1
    For i=3 To 20
        a(i)=a(i-2)+a(i-1)            '计算并保存数列各项
    Next i
    For i=1 To 20                     '按 5 个元素一行输出数列
        Print a(i),
        If i Mod 5=0 Then Print
    Next i
End Sub
```

程序运行结果如图 5-4 所示:

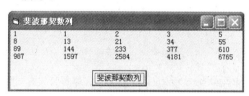

图 5-4　例 5.1 运行界面

注意:

其下标值应在声明数组时所指定的范围内,否则运行时将出现"下标越界"错误。

3. 动态数组

在数组的声明语句中指定数组的大小时,则定义了一个静态(定长)数组,系统在编译时根据定长数组声明语句,为数组分配存储空间,在程序的整个执行期间,数组所占据的存储空间大小将不再改变,当程序执行结束后,由系统回收这些空间。

数组到底应该有多大才合适,有时可能不得而知,往往需要声明一个尽可能大的数组,但这样会浪费存储空间,所以希望能够在程序运行期间根据需要动态设置数组大小。为此,Visual Basic 为用户提供了动态数组。动态数组在定义时不声明数组的大小(省略括号中的下标),当要使用它时,再用 ReDim 语句定义数组大小。这样,就可以在需要时改变数组的大小,数组也因此具有了在运行时改变其大小的能力。

创建动态数组的步骤:

(1) 用 Dim 语句声明数组,但不指定数组的大小。语句格式:

　　Dim 数组名( ) As 数组类型

（2）用 ReDim 语句动态地指定数组的大小。语句格式：

　　ReDim［Preserve］数组名（下标 1［,下标 2…］）［As 类型］

说明：

① ReDim 语句中,下标上界可以是常量,也可以是有确定值的变量。

② 与 Dim 语句不同,ReDim 语句是一个可执行语句,只能出现在过程中。例如：

Dim a( ) As Integer

Dim b( ) As Single

Sub Command1_Click( )

　　Dim x As integer

　　……

　　ReDim a(3，5)

　　ReDim b(x)

　　……

End Sub

③ 可以多次使用 ReDim 语句改变数组大小,也可以改变数组维数,但不能改变数组的数据类型。

④ 对于数组可通过函数 UBound( )和 LBound( ),分别获得数组某一维的上界和下界。函数格式为：

$$UBound（数组名［,测试的维数］)$$

$$LBound（数组名［,测试的维数］))$$

例如：

Dim a(1 To 3,1 To 4,2 To 5),b(3)

Upp1＝UBound(a,1) 　　　　　'测试数组 a 第一维的下标上界,返回值为 3

Upp2＝UBound(b) 　　　　　　'测试数组 b 下标上界,省略维数,返回值为 3

Low2＝LBound(a,3) 　　　　　'测试数组 a 第三维的下标下界,返回值为 2

⑤ 使用 ReDim 重新定义数组的大小时,数组中的数据会全部丢失,若想保留数组的数据,可使用关键字 Preserve。

例如,重新定义动态数组,使数组扩大、增加一个元素,保留数组元素原有值,可使用的语句是：

ReDim Preserve a(UBound (a)＋1)

另外,在用 Preserve 关键字时,只能改变多维数组中最后一维的上界;如果改变了其他维或最后一维的下界,运行时就会出错。如,下列语句：

ReDim Preserve a (10, UBound (a, 2)＋1)

是正确的,但如果语句写成：

ReDim Preserve a(UBound (a, 1)＋1, 10)

运行时会出现"下标越界"的错误。

例 5.2 有下列语句：

Private Sub Form_Click()

　　Dim a( ) As Integer, b( ) As Integer

```
        ReDim a(2)
        a(1)=10；a(2)=20
        ReDim b(2)
        b(1)=10；b(2)=20
        ReDim a(3)
        Print a(1)；a(2)；a(3)
        ReDim Preserve b(3)
        Print b(1)；b(2)；b(3)
End Sub
```

执行的结果为：

```
    0    0    0
    10   20   0
```

数组 a 被重新定义大小，未保留其值，故数组中的各元素被重新赋初值 0。而数组 b 在重新定义大小后，因使用了关键字 Preserve，数组中原来的元素值得以保留，只是新增加的元素被赋予初值 0。

例 5.3 使用动态数组计算并输出斐波那契数列，要求从键盘输入要得到的数列个数。

分析：仍用数组存储斐波那契数列中的数据，但因事先不知道需输出的数列元素个数 n，因此定义动态数组，当已知 n 时，再用 Redim 语句确定数组大小。

程序代码如下：

```
Private Sub Command1_Click()
        Dim a() As Integer              '定义动态数组
        Dim i%，n%
        n=Val(InputBox("输入数列个数："))
        ReDim a(n-1)                    '指定数组长度
        a(0)=1：a(1)=1
        print a(0)，a(1)
        For i=2 To n-1
            a(i)=a(i-2)+a(i-1)
            print a(i)，
            if (i+1) mod 5=0 then print
        Next i
End Sub
```

5.1.3 数组的基本操作

1. 数组的初始化

数组定义后，系统将自动根据数组的数据类型为数组元素赋初值，如：数值型数组初值为 0，字符串数组初值为空串。用户可以通过循环结构利用赋值语句为数组元素赋初值

（如：引例），也可以使用 Array 函数来给数组元素赋初值，其格式为：

　　数组变量名＝Array(常量列表)

　　这里的"数组变量名"是预定义的数组名，作为变量定义，既没有维数，也没有上下界，但当作数组使用。"常量列表"是需要赋给数组各元素的值，各值之间用逗号分开。

注意：

（1）使用 Array 函数只能给一维数组赋值，不能初始化多维数组。

（2）使用 Array 函数给数组赋初值时，数组变量必须是变体变量。因此需显式定义数组为 Variant 变量，或在定义时不指明数据类型或不定义而直接使用。

　　例如：

```
Dim a As Variant                              '定义数组为变体变量
Dim Matrix                                    '定义数组而未指明其类型
a＝Array(10，20，30)
b＝Array("true"，"false")                      '数组不定义而直接使用
Matrix＝Array("2012011"，"李明"，"男")
Print a(1)，b(0)，Matrix(2)
```

输出结果为：

　　20　　　true　　　男

另外，变体数组中每个元素的数据类型可以不同。例如：

```
Dim a As Variant
a＝Array(10，"VB"，3.14)
Print a(0)，a(1)，a(2)
```

输出结果为：

　　20　　　VB　　　3.14

例 5.4　使用 Array 函数为数组赋初值，求出数组元素的平均值，输出大于平均值的数组元素。

程序代码如下：

```
Private Sub Command1_Click()
    Dim a() As Variant
    a＝Array(78，85，75，69，97，55)              '给数组元素赋初值
    Dim i%,n%，s!，avg!
    s＝0
    n＝UBound(a)
    For i＝LBound(a) To n
        s＝s＋a(i)
    Next i
    avg＝s/(n＋1)
    Print "平均值是："；avg
    Print "大于平均值的有："；
    For i＝0 To n
```

```
        If a(i)>avg Then Print a(i);
    Next i
End Sub
```

程序运行结果如图 5-5 所示。

图 5-5 例 5.4 运行界面

2. 数组的输入与输出

当需要通过键盘为数组输入数据时,可通过 InputBox 函数或 TextBox 控件逐一输入。数组元素的输出可通过 Print 语句直接输出,或通过 Picture 控件来输出。

例 5.5 从键盘输入一个 4 行 4 列的矩阵,通过 Picture 框分别输出矩阵、矩阵的上三角和下三角。

程序代码如下:

```
Private Sub Form_Click()
    Dim a%(3, 3), i%, j%
    For i=0 To 3
        For j=0 To 3
        a(i, j)=Val(InputBox("输入数组元素:"))
        Next j
    Next i
    Picture1. Print "显示数组元素方阵"
    For i=0 To 3
        For j=0 To 3
            Picture1. Print Tab(j * 5); a(i, j);
        Next j
        Picture1. Print
    Next i
    Picture2. Print "显示上三角数组元素"
    For i=0 To 3
        For j=i To 3
            Picture2. Print Tab(j * 5); a(i, j);
        Next j
        Picture2. Print
    Next i
    Picture3. Print "显示下三角元素"
```

```
    For i=0 To 3
        For j=0 To i
                Picture3. Print Tab(j * 5); a(i, j);
        Next j
        Picture2. Print
    Next i
End Sub
```

程序运行界面如图 5-6 所示。

图 5-6 例 5.5 运行界面

例 5.6 用随机函数模拟掷骰子实验,统计掷 50 次骰子出现各点的次数。

分析:骰子有六面,定义长度为 6 的数组,用数组元素 a(i)存放由随机数产生的点数 i 出现的次数。

```
Public Sub Calculate()
    Dim a(1 To 6) As Integer
    Randomize
    For i=1 To 50
        n=Int(Rnd * 6+1)              '随机产生骰子的点数(1~6)
        a(n)=a(n)+1                    '统计某个点数出现的次数
    Next i
    For i=1 To 6
        Form1. Print i; "点出现"; a(i); "次"
    Next i
End Sub
```

3. 数组的清除

一个数组定义后,系统会为该数组在内存中分配相应的存储空间。使用 Erase 语句可以清除静态数组内容,或释放动态数组所占的存储空间。语句格式为:

    Erase 数组名 1[,数组名 2,…]

说明:

(1) Erase 语句用于静态数组时,将清除数组中各元素的值,并自动赋予相应类型的初值。

(2) Erase 语句用于动态数组时,将释放动态数组所使用的内存空间,再次使用该数组时,需用 ReDim 语句重新定义。

（3）Erase 语句还可以清除多个数组的内容，数组之间用逗号隔开。

例 5.7 清除数组 a 的内容。

```
Private Sub Command1_Click()
    Dim a(1 To 4) As Integer
    Dim i%
    Print "数组元素的值为：";
    For i=1 To 4
        a(i)=2 * i-1
        Print a(i);
    Next i
    Print
    Erase a
    Print "执行 Erase 语句后数组值为：";
    For i=1 To 4
        Print a(i);
    Next i
End Sub
```

运行结果如图 5-7 所示。

图 5-7 例 5.7 运行界面

5.1.4 数组应用举例

通过前面的例子，我们看到，数组声明后，访问和引用数组元素是通过数组名加下标来实现的，引用数组元素时其下标可以是变量，这给数组的一些操作带来方便。通过以下几个例题，我们可以看到，借助循环变量，将数组元素的下标与之相结合，可以巧妙地解决一些实际问题。

例 5.8 定义长度为 10 的整型类型的一维数组，并实现以下功能：

（1）从键盘输入 10 个整型数据，并存入 10 个数组元素中；

（2）按数组下标的逆序输出数组中的各元素值；

（3）将数组中的元素按颠倒的顺序重新存放，并输出其值。要求在操作时，只能借助一个临时存储单元而不得另外开辟数组。

分析： 令循环变量的值由大到小递减，同时循环变量作为输出的数组元素的下标，即可实现按数组元素的逆序输出。那么如何实现按逆序存放呢？假定数组有 9 个元素，如图 5-8（a）所示，颠倒顺序后得到如图 5-8（b）所示的数组。若只能借助于一个临时存储单元来实现由(a)到(b)的结果,只需按图 5-8 (c)所示的形式,把两个元素的内容交换即可。

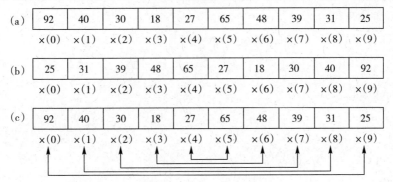

图 5-8　例 5.8 操作示意图

具体方法是:(1)将第一个元素的下标和最后一个元素的下标分别存入变量 i、j 中,使 i、j 作为下标分别指向数组的第一个元素和最后一个元素,交换 a(i)和 a(j)的值;(2)i 后移一位,j 前移一位,若 i 小于 j,则继续交换 a(i)和 a(j)的值;(3)重复步骤(2),直到 i 大于等于 j 时操作完成。

程序代码如下:

```
Private Sub Form_Click()
    Dim a(9) As Integer                          '定义一维数组
    For i=0 To 9
        a(i)=Val(InputBox("请输入整数:"))         '为数组元素赋值
    Next i
    For i=9 To 0 Step −1                          '按下标逆序输出数组元素
        Print a(i);
    Next i
    i=0:j=9
    While i<j                                      'i 小于 j 时交换
        t=a(i):a(i)=a(j):a(j)=t
        i=i+1: j=j−1                              'i 后移一位,j 前移一位
    Wend
    Print
    For i=0 To 9
        Print a(i);
    Next i
End Sub
```

例 5.9　读入学生成绩,统计各分数段学生的人数。

程序代码如下:

```
Private Sub Command1_Click()
    Dim a() As Variant
    Dim b(10) As Integer,i%,n%
```

```
a( )＝Array(65，57，71，76，82，90，92，87，79，86，77，84，47，39，42，48，_
    84，80，100)
n＝UBound(a)
For i＝0 To n
    x＝Int(a(i)/10)
    b(x)＝b(x)＋1
Next i
For i＝0 To 9
    Print 10 * i；"－－"；i * 10＋9，b(i)
Next i
Print "100"，b(10)
```

End Sub

运行结果如图 5-9 所示。本例题利用 b 数组的各元素来统计各分数段的人数，b(0)存放的是得分在 0～9 分之间的学生人数，b(1)中存放的是 10～19 分之间的学生人数，……，b(10)中是得 100 分的学生人数。本例利用数组下标与分数段之间的关系，即 x＝Int(a(i)/10)、b(x)＝b(x)＋1 两条语句，巧妙地解决了分数段的统计问题。

图 5-9　例 5.9 运行界面

例 5.10　用选择法排序。

排序方法有很多种，较为常用的是选择法排序和冒泡法排序。选择排序是最为简单的一种排序算法，其基本思想是(以升序为例)：每次在若干个无序数中找出最小的数，并将其置于该无序数列的第一个位置，直到排序完成为止。设有 N 个数，被置于数组 a 中(a(0)～a(N−1))，则对数组 a 进行选择排序的具体步骤是：

(1) 从 N 个数中找中最小数，假定是 a(i)，则把 a(i)与 a(0)交换位置。这样，通过这一轮排序，第 0 个数已确定好其位置。

(2) 在余下的 N−1 个数中再按步骤(1)的方法找出最小数的下标，最小数与第 a(1)交换位置。

(3) 依次类推，重复步骤(2)，直至所有数按递增的顺序排列。显然，为完成排序，N 个数共需重复 N−1 次。

在程序运行过程中，用一个变量(如 m)存放最小数的下标，当找到第 i 个最小数后，则交换 a(i)与 a(m)的值。如图 5-10 所示：

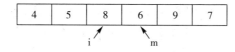

图 5-10　选择法排序示意图

程序代码如下：

```
Private Sub Command1_Click()
    Dim a()，m%，n%，i%，j%，t%
    a＝Array(6，8，5，4，9，7)
```

```
n＝UBound(a)
For i＝0 To n－1
    m＝i
    For j＝i+1 To n
        If a(j)＜a(m) Then m＝j
    Next j
    t＝a(i)：a(i)＝a(m)：a(m)＝t
Next i
For i＝0 To n
    Print a(i)；
Next i
End Sub
```

例 5.11　冒泡法排序。

设有数组 a,包含 N+1 个元素:a(0),a(1),……,a(N),利用冒泡排序法对数组按升序排序。冒泡法排序的算法思想是:相邻的两个数两两进行比较,即 a(0)与 a(1)、a(1)与 a(2)、……,a(N-1)与 a(N)两两比较。在每次比较中,如果前一个数比后一个数大,则将两个数对调。这样一趟两两比较下来,最大的数就必然落在最后的位置。过程如图 5-11 所示:

a(0)	a(1)	a(2)	a(3)	a(4)	a(5)	
6	8	5	4	9	7	a(0)与 a(1)比较,不交换。
6	8	5	4	9	7	a(1)与 a(2)比较,交换。
6	5	8	4	9	7	a(2)与 a(3)比较,交换。
6	5	4	8	9	7	a(3)与 a(4)比较,不交换。
6	5	4	8	9	7	a(4)与 a(5)比较,交换。
6	5	4	8	7	9	完成一趟比较后,数组中数的排列情况。

图 5-11　冒泡法排序比较过程示意图

从上述过程中可以看出,对于 N+1 个数(a(0)~a(N)),冒泡法排序的第一轮排序需进行 N 次比较,比较结束后最大数被存放于 a(N)中;第二轮需排序的数据个数为 N(a(0)~a(N-1)),需进行 N-1 次比较,最终最大数被存放于 a(N-1)中,……显然,N+1 个数共需进行 N 轮比较才能完成排序(最坏情况)。则对第 i(0≤i≤N-1)轮排序,需进行的两两比较次数为(N-1-i)。

程序代码如下:

```
Private Sub Command1_Click()
    Dim a(), n％, i％, j％, t％
    a＝Array(6, 8, 5, 4, 9, 7)
    n＝UBound(a)
    For i＝0 To n－1
        For j＝0 To n－1－i
            If a(j)＞a(j+1) Then
                t＝a(j)：a(j)＝a(j+1)：a(j+1)＝t
```

```
            End If
         Next j
      Next i
End Sub
```

可以看到,在排序的过程中,小的数如同池塘里的气泡一样逐层上浮,大的数则逐行下沉。因此,这种排序方法被形象地比喻为"冒泡"法。

例 5.12 在有序数组 a 中插入数值,要求该数插入后,数组仍然有序。

分析:若要使数据 x 插入数组后,数组中的元素仍然保持有序排列(假设原数组元素是按升序排列)。首先要做的是查找插入数据在数组中的位置 i,使 $a(i-1)<x<a(i)$。因为数组本身是按升序排列的,所以只要找到第一个大于 x 的元素 $a(i)$,则 x 在数组中的位置就是 i。然后,从 $a(i)$ 开始直到最后一元素均向后移动一个位置,最后执行 $a(i)=x$,插入操作完成。

程序代码如下:

```
Private Sub Command1_Click()
   Dim a( ), i%, j%, n%
   a=Array(12, 15, 20, 24, 35, 41, 52, 62, 77, 78, 84, 89)
   x=Val(InputBox("请输入要插入的数据"))
   n=UBound(a)
   For i=0 To n                       '查找数据应插入的位置
      If x<a(i) Then Exit For
   Next i
   ReDim Preserve a(n+1)              '数组长度增加
   For j=n To i Step -1               '插入点数组元素依次后移
      a(j+1)=a(j)
   Next j
   a(i)=x                             '插入数据
   For i=0 To n+1
      Print a(i);
   Next i
End Sub
```

例 5.13 将数组 a 中与变量 x 的值相同的数组元素删除。

分析:可通过逐一比较,若有 $a(i)=x$,则将 $a(i)$ 后面的元素依次向前移一位,最后把数组元素个数减去 1。

程序代码如下:

```
Private Sub Command1_Click()
   Dim a( ), i%, j%, n%
   a=Array(12, 15, 20, 24, 35, 41, 52, 62, 77, 78, 84, 89)
   x=Val(InputBox("Please input the data:"))
   n=UBound(a)
```

```
For i＝0 To n
    If x＝a(i) Then                      '查找欲删除元素的位置
        Exit For
    End If
Next i
If i＞n Then                            'i＞n 时,说明直到循环结束未找到与 x 相同的元素
    Print "没有要删除的数据!"：Exit Sub
End If
For j＝i＋1 To n                        '将 a(i)后的数组元素依次前移
    a(j－1)＝a(j)
Next j
ReDim Preserve a(n－1)                  '将数组元素个数减 1
For i＝0 To n－1
    Print a(i)；
Next i
End Sub
```

5.2　列表框和组合框控件

列表框(ListBox)和组合框(ComboBox)控件是以可视化的形式直观地显示出所含项目,供用户选择使用,是一种规范输入的工具,其目的是方便用户的操作,其实质是一维字符数组。

5.2.1　列表框(ListBox)

列表框(ListBox)控件用来显示多个项目的列表,用户可以在这些项目中选择一个或者多个使用。运行时,用户可以在列表框中完成添加或删除列表项操作,但不能编辑列表项。当列表框中的选项数目超过可显示范围时,会自动出现滚动条。

1. 主要属性

(1) List 属性。列表框中的列表内容通过 List 属性来设置,如图 5-12 所示,则每次输完一个列表项后按组合键"Ctrl＋Enter"可以添加下一个列表项。List 属性值可以含有多个值,这些值存储在一个数组中,因此 List 属性的数据类型为字符串数组,一个列表项即为数组的一个元素。

在代码窗口和属性窗口中均可以设置 List 属性值。引用列表框 list 属性的方法如下:

对象名.List(i)

其中,对象名是列表框的名称,i 为项目的索引号,其取值范围为 0～ListCount－1,第 1 个元素的下标为 0。例如,从图 5-12 中可知,List1.List(0)的值为"临床医学系"。

(2) ListCount 属性。用来表示列表框中项目的个数,即 List 数组所包含元素个数,其数据类型为整型。该属性只能在代码窗口中使用。

例如,以图 5-12 所示的列表框为例,执行语句 x＝List1.ListCount,x 的值为 7。

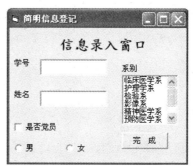

图 5-12　列表框 List 属性设置及窗体运行图

(3) ListIndex 属性。用来表示程序运行时被选定的项目的位置,数据类型为整型。项目的位置由索引指定,第 1 项的索引值为 0,第 2 项的索引值为 1,依次类推。若未选中任何一项,则索引值为 0。该属性只能在代码窗口中引用。

(4) Selected 属性。表示列表框某项的选中状态,是一个逻辑类型的数组。每一个元素与列表框中的一项相对应。当元素的值为 True 时,表示选择了该项;值为 False,表示未选择。另外,该属性只能在代码窗口中使用。

例如,List1.Selected(1)＝True 表示列表框的第 2 项被选中。

(5) Text 属性。用来返回被选中项目的项目值,类型是字符型。该属性只能在代码窗口中使用。

需要说明的是,List1.Text 等于 List1.List(List1.ListIndex)

例如,在图 5-12 所示的列表框中,如果选中"护理学系",则 List1.Text 和 List1.List(List1.ListIndex)的值都是"护理学系"。

(6) Sorted 属性。用来确定列表框中的项目在程序运行时是否按照字母的升序排列,数据类型为逻辑型。该属性需在属性窗口中设置。

(7) Style 属性。用来设置列表框的外形特征,默认属性值"0"表示标准格式;"1"表示在列表框控件中的每个列表项的左边都有一个复选框,此时可以多选。两种风格的列表框如图 5-13 所示。该属性需在属性窗口中设置。

图 5-13　列表框 style 属性例

(8) MultiSelected 属性。用来确定列表框是否允许多选,在属性窗口中设置。0 是默认值,表示不能多选;1 表示简单多选,,可以用鼠标单击或空格键实现;2 表示扩展多选,需要与 Shift 键或 Ctrl 键配合使用。

2. 方法

列表框的常用方法有：

(1) AddItem 方法。

格式：列表框对象. AddItem 项目字符串[,索引值]

功能：把"项目字符串"中的文本内容加入"列表框"中。

说明：

(1) 项目字符串是一个字符表达式，用来指定添加到列表框中的项目。

(2) 索引值用来指定插入项在列表框中的位置，若省略索引值，则该项目被置于列表框的尾部。表中的项目从 0 开始计数，故索引值不能大于表中项目数－1。使用本方法一次只能往列表框中添加一个列表项目。

例如，将"生物科学系"添加到图 5-12 所示的列表框 List1 中，作为第 4 项，应使用下面的语句：

　　　List1. AddItem "生物科学系"，3

例 5.14　设计如图 5-13 所示的选课窗口，并编写"确定"按钮的 Click 事件代码。要求：当在可选课程列表框中选择课程后，单击"确定"按钮后，相应选项出现在"已选课程"列表中。

"确定"按钮的事件代码如下：

```
Private Sub Command1_Click()
    For i＝0 To List1. ListCount－1
        If List1. Selected(i)＝True Then          '确定被选择的选项
            List2. AddItem List1. List(i)
        End If
    Next
End Sub
```

窗体中控件的属性设置：略。

(2) RemoveItem 方法。

格式：列表框对象. RemoveItem 索引值。

功能：从列表框中删除由"索引值"指定的项目，且每次只能删除一个项目。

例如，要删除列表框控件 List1 中所选中的项目，可以使用下面的语句：

List1. RemoveItem List1. ListIndex

(3) Clear 方法。

格式：列表框对象. Clear

功能：清除列表框中的全部内容。

执行该方法后，LiseCount 的值被重新置为 0。例如，要清空列表框控件 List1 中所有的项目，可以使用语句：

　　　List1. Clear

3. 事件

列表框常用的事件有 Click 和 Dblclick 事件。

例 5.15 设计一个如图 5-14 所示的界面,实现列表框的基本操作,要求如下:

(1) 将在文本框中输入的内容添加到列表框的最后一项。

(2) 删除选定的项目。

(3) 清空列表框中所有的项目。

事件代码如下:

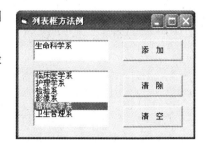

图 5-14 例 5.15 运行界面

′在 Form_Load 事件中使用 AddItem 方法添加项目

```
Private Sub Form_Load()
    List1. AddItem "临床医学系"
    List1. AddItem "护理学系"
    List1. AddItem "检验系"
    List1. AddItem "影像系"
    List1. AddItem "精神医学系"
    List1. AddItem "卫生管理系"
End Sub
Private Sub Command1_Click()
    List1. AddItem Text1
    Text1=""
End Sub
Private Sub Command2_Click()
    List1. RemoveItem List1. ListIndex
End Sub
Private Sub Command3_Click()
    List1. Clear
End Sub
```

例 5.16 设计一个如图 5-15 所示的窗体,要求如下:

(1) 在 Form_Load 事件中利用 Additem 方法将 100 个整数添加到列表框中。

(2) 在列表中单击任意一个数,程序可以判断是不是素数,并把结果显示在文本框中。

(3) 单击"退出"按钮退出应用程序。

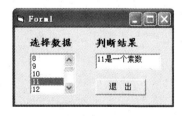

图 5-15 例题 5.16 运行界面

Form_Load 事件代码:

```
Private Sub Form_Load()
    For i=1 To 100
        List1. AddItem i
    Next i
End Sub
```

列表框 Click 事件代码：

```
Private Sub List1_Click()
    Dim n As Integer，flag As Boolean
    n＝Val(List1.Text)
    flag＝True
    '判断是否是素数
    For i＝2 To n－1
        If n Mod i＝0 Then
            flag＝False：Exit For
        End If
    Next i
    If flag＝True Then
        Text1.Text＝List1.Text & "是一个素数"
    Else
        Text1.Text＝List1.Text & "不是一个素数"
    End If
End Sub
Private Sub Command1_Click()
    End
End Sub
```

5.2.2　组合框(ComboBox)

组合框(ComboBox)控件综合了文本框和列表框的功能，它不仅允许用户在列表框内选择列表项目，也允许用户在文本框中输入内容，再通过 AddItem 方法将内容添加到列表框中。组合框将选项折叠起来，以节省空间。

组合框的属性、事件和方法与列表框基本相同。组合框可以利用 style 属性改变其外观。其三种不同样式的效果如图 5-16 所示。

图 5-16　组合框的 3 种样式

通过设置 Style 属性，可以得到三种不同形式的组合框。具体内容如下：

(1) Style＝0(默认值)时，其样式为下拉式组合框，在结构上只占一行，包括一个下拉式列表和一个文本框。单击组合框的下拉箭头可以打开项目列表，选择后组合框重新折叠起来。当在列表项目中选中某选项时，该选项会在文本框中显示出来，用户在文本框中还可以输入、编辑、修改选项。

(2) Style＝1 时，其样式为简单组合框，不能折叠。包括一个文本框和一个固定的列表框，但没有下拉箭头，当项目数超过可显示的限度时，会自动出现滚动条。如同下拉式组合框，通过文本框，既可以显示也可以编辑数据。

(3) Style＝2 时,其样式为下拉式列表框,仅有列表框,没有文本框。允许用户从列表中选择列表项,但不允许用户输入新的项目,接近于列表框的特性。

在组合框中,任何时候只能选择一个项目,因此组合框没有 MultiSelected 属性和 Selected 属性。

例 5.17 设计一个登录窗口,运行界面如图 5-17 所示。要求用户从组合框中选定用户,并在文本框中输入用户密码,"登录"按钮对用户名及密码进行验证,正确则显示欢迎窗口,否则提示错误。

图 5-17 例题 5.17 运行界面

程序代码如下:

```
Private Sub Command1_Click()
    Dim user, SS, mima As String
    user＝Combo1. Text
    mima＝UCase(Trim(Text1. Text))
    Select Case user
        Case "张武"
            x＝MsgBox(IIf(mima＝"ZW123","欢迎!","密码错误"),0,"登录")
        Case "李丽"
            x＝MsgBox(IIf(mima＝"LL123","欢迎!","密码错误"),0,"登录")
        Case "王宏明"
            x＝MsgBox(IIf(mima＝"WHM123","欢迎!","密码错误"),0,"登录")
    End Select
End Sub
```

例 5.18 利用简单组合框设计一个应用程序,要求:可以添加不重复的选修课名称到组合框中,且要求列表按课程名称升序排列。运行界面如图 5-18 所示。

窗体的 Load()事件代码如下:

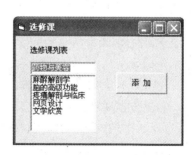

图 5-18 例题 5.18 运行界面

```
Private Sub Form_Load()
    Combo1. AddItem "脑的高级功能"
    Combo1. AddItem "疼痛解剖与临床"
    Combo1. AddItem "网页设计"
    Combo1. AddItem "文学欣赏"
    Combo1. AddItem "麻醉解剖学"
End Sub
```

"添加"按钮的 Click 事件代码如下:

```
Private Sub Command1_Click()
    Dim i As Integer, flag As Boolean
    Dim pos As Integer
    flag＝False
```

```
        For i＝0 To Combo1. ListCount－1
            If Trim(Combo1. Text)＝Combo1. List(i) Then flag＝True
            If Trim(Combo1. Text)＜Combo1. List(i) Then pos＝i        ′记录插入位置
        Next i
        If Not flag Then Combo1. AddItem Trim(Combo1. Text)，pos
        Combo1. Text＝""
    End Sub
```

例 5.19　设计一个设置文字字体的窗体，运行效果如图 5-19 所示。

程序代码如下：

图 5-19　例 5.19 运行界面

```
Private Sub Form_Load()
    For i＝0 To Screen. FontCount－1
        List1. AddItem Screen. Fonts(i)
    Next i
    For i＝6 To 40 Step 2
        Combo1. AddItem i
    Next i
    Combo2. AddItem "常规"
    Combo2. AddItem "粗体"
    Combo2. AddItem "斜体"
    Combo2. AddItem "粗斜体"
End Sub
```

字体列表框的事件代码：

```
Private Sub List1_Click()
    Label2. FontName＝List1. Text
End Sub
```

字号组合框的事件代码：

```
Private Sub Combo1_Click()
    Label2. FontSize＝Combo1. Text
End Sub
```

字形组合框的事件代码：

```
Private Sub Combo2_Click()
    Select Case Combo2. Text
        Case "常规"
            Label2. FontBold＝False
            Label2. FontItalic＝False
        Case "粗体"
            Label2. FontBold＝True
            Label2. FontItalic＝False
```

```
        Case "斜体"
            Label2. FontItalic＝True
            Label2. FontBold＝False
        Case "粗斜体"
            Label2. FontBold＝True
            Label2. FontItalic＝True
    End Select
End Sub
```

5.3 自 定 义 类 型 及 其 数 组

通过前面的学习，我们已经看到了使用数组来处理批量数据十分方便。但遗憾的是，前面所学习的数组只能按序组织多个同类型的数据，它的使用仍受到很大的限制。

在现实生活的许多领域，存在着大量需要作为一个整体来处理的不同类型的数据。如：一个学生的信息由学号、姓名、性别、年龄、身份证号、政治面貌、住址及个人简历等构成。它们是同一个处理对象——学生的某些属性，这些属性又是由不同的数据类型来描述的。如果用简单变量来分别代表学生的各个属性，将使程序变得冗长，同时也不能反映出它们的内在联系。为此，Visual Basic 程序设计语言为用户提供了一种被称之为自定义类型的数据结构，来解决此类问题。

5.3.1 自定义类型的定义

自定义类型，也可称之为"记录类型"。使用 Type 语句来定义。格式如下：

```
Type 自定义类型名
    元素名 1 As 数据类型名
        ……
    元素名 n As 数据类型名
End   Type
```

说明：

（1）元素名：表示自定义类型中的一个成员，可以是简单变量，也可以是数组。

（2）数据类型名：可以是 Visual Basic 的基本数据类型，也可以是已经定义的其他自定义类型。若为字符串类型，则必须使用定长字符串。

（3）自定义类型不能在过程内定义，一般需在标准模块定义，默认为 Public；若在窗体模块的通用声明段定义，前面必须加关键字 Private。

例如，定义一个有关学生信息的自定义数据类型：

```
Private Type StudentType
    Name As String ＊ 5
    Number As String ＊ 12
```

```
        Course As String * 10
        Score As Single
End Type
```

5.3.2　自定义类型变量的声明和引用

1. 自定义类型变量的声明

定义了一个自定义类型后,意味着定义了一种新的数据类型,而不是定义了一个变量。定义类型只是表示这个类型的结构,即告诉系统它由哪些类型的成员构成,各占多少个字节,各按什么形式存储,并把它们当做一个整体来处理。可见,定义类型是一种抽象的操作,并不分配内存单元,只反映一种数据特征。当定义一个变量为该类型时,则该变量即拥有了该类型的所有特征,系统于是会为该变量分配相应的存储空间。

使用 Dim 语句声明自定义类型变量。格式如下:

        Dim 自定义类型变量名 As 自定义类型名

例如,有了上面的自定义类型 StudentType 后,就可以声名 studA 和 studB 这两个为该种类型的变量

        Dim studA As StudentType，studB As StudentType

2. 自定义类型变量的引用

自定义类型变量是一个整体,要访问它的一个成员,必须先找到这个结构体变量,再从中找出该成员。引用方法如下:

        自定义类型变量名.元素名

例如,要使用 StudA 变量中的姓名、成绩时,引用形式为:

        StudA. Name，StudA. Score

其中,圆点符号又被称为"成员运算符",意在为自定义类型变量 StudA 找出成员 Name 和 Score 的值。

对于自定义类型变量中的成员可以像简单变量一样用赋值语句赋值。例如,可用下列语句为变量 StudA 的各个成员赋值。

StudA. Name="张建国"

StudA. Number=2010231012

StudA. Course="网页设计"

StudA. Score=90

为简化上述操作,可使用 With 语句:

With StudA

        . Name="张建国"

        . Number=2010231012

        . Course="网页设计"

        . Score=90

End With

使用 With 语句可以对某个变量执行一系列的操作,不需重复指出变量的名称,避免了重复书写。

在 Visual Basic 中,允许对同类自定义类型变量直接赋值。例如:

StudB＝StudA

意为把变量 StudA 中的各成员的值对应地赋给另一个同类型的变量 StudB。

5.3.3　自定义类型数组

一个自定义类型变量只能存放一个对象(如一个学生、一本书)的一组数据信息。例如前面定义了数据类型 StudentType,如果要存放一个班(60 人)的学生的这些信息,则需要设 60 个该类型的变量。这显然过于繁琐,我们自然会想到使用数组。Visual Basic 允许使用自定义类型数组,即数组中每一个元素都是一个自定义型变量。

例如:Dim student(59) As StudentType

则定义了包含 60 个元素的数组 student,数组及元素如表 5-1 所示:

表 5-1　数组 student

	Name	Number	Course	Score
student(0)	student(0).Name	student(0).Number	student(0).Course	student(0).Score
student(1)	student(1).Name	student(1).Number	student(1).Course	student(1).Score
……	……	……	……	……
student(i)	student(i).Name	student(i).Number	student(i).Course	student(i).Score
……	……	……	……	……
student(59)	student(59).Name	student(59).Number	student(59).Course	student(59).Score

例 5.20　利用上述自定义类型,声明一个自定义数组,再创建一个窗体,要求实现如下功能:

(1) 输入功能:输入学生信息。

(2) 显示功能:显示已输入学生的信息。

(3) 查询功能:根据输入的课程名,查找选修某课程的学生信息。

窗体界面如图 5-20 所示,有四个标签、三个文本框、一个组合框供输入信息;二个图片框,供显示信息;三个命令按钮,执行相关操作。

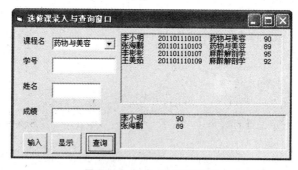

图 5-20　例 5.19 运行界面

在标准模块定义自定义类型 StudentType(定义语句如前)。在窗口通用模块声明该类型的数组及变量：

```
Private Type StudentType
    Name As String * 5
    Number As String * 12
    Course As String * 10
    Score As Single
End Type
Dim student(59) As StudentType
Dim n%
```

程序代码如下：

```
Private Sub Command1_Click()
    With student(n)
        . Number＝Trim(Text1)
        . Name＝Trim(Text2)
        . Course＝Combo1. Text
        . Score＝Val(Trim(Text3))
    End With
    n＝n＋1
    Text1＝""：Text2＝""：Text3＝""
End Sub
Private Sub Command2_Click()
    Dim i%
    Picture1. Cls
    For i＝0 To n－1
        With student(i)
            Picture1. Print. Name & Space(2) &. Number；Space(2) &. Course &. Score
        End With
    Next i
End Sub
Private Sub Command3_Click()
    Dim Course As String，i%
    Picture2. Cls
    For i＝0 To n－1
        If Trim(student(i). Course)＝Combo1. Text Then
            Picture2. Print student(i). Name，student(i). Score
        End If
    Next i
End Sub
```

5.4 控件数组

5.4.1 基本概念

在 Visual Basic 6.0 应用程序中,若需要设置几个类型相同且功能相似的控件时,为简化程序、节约内存,可以设置控件数组。

控件数组是由一组具有相同类型、相同名称的控件组成。在控件数组中,每一个控件元素的 Name 属性均相同,其值即为控件数组的数组名;每个控件数组元素都有一个唯一的索引号与之对应,其索引号由 Index 属性确定。控件数组索引号可以由用户任意指定,可以不连续,但不能相同。控件数组最多可有 32767 个元素,若控件数组包含 n 个元素,则所有控件元素的索引号的默认值依次为 $0,1,2,\cdots,n-1$。

控件数组中各元素的引用和普通数组一样,通过数组名加下标来实现。例如:有一个标签控件数组,数组名为 Label1,有 4 个元素,它们是:Label1(0)、Label1(1)、Label1(2)、Label1(3)。显然,Label1、Label2、Label3 不是控件数组元素。

5.4.2 控件数组的建立

控件数组是针对控件建立的,与普通数组的定义不同,建立控件数组有两种方法。

第一种方法步骤如下:

(1) 在窗体上画出作为数组元素的各个控件;

(2) 设置每一个数组元素的 Name 属性,将其设为同一个名称。当对第二个控件输入与第一个控件相同的名称后,Visual Basic 将显示一个如图 5-21 所示的对话框,询问是否要建立控件数组。单击"是"建立控件数组。

图 5-21 控件数组对话框

第二种方法步骤如下:

(1) 在窗体上画出控件数组中第一个控件,将其激活;

(2) 执行"编辑"中的"复制"命令(或用组合键 Ctrl+C),复制该控件;

(3) 执行"编辑"菜单中的"粘贴"命令(或用组合键 Ctrl+V),将显示如图 5-21 所示对话框,询问是否创建一个控件数组;

(4) 单击对话框中的"是"按钮,窗体的左上角将出现一个控件,这就是控件数组的第二个元素。重复执行"粘贴"命令,建立数组中的其他元素。

控件数组建立后,只要改变一个控件的"Name"属性值,并把 Index 属性置为空(不是0),就可以把该控件从控件数组中删除。

例 5.21 建立含有 4 个单选按钮的控件数组,当单击某个单选按钮时,改变文本框中字体类型。

程序运行界面如图 5-22 所示。建立新的程序后,先在窗体上放置一个标签和一个文本框,再按上述步骤建立一个控件数组。双击任意一个单选按钮,打开代码编辑器,在 Click 事件过程中输入如下代码:

图 5-22 例 5.21 运行界面

```
Private Sub Optionfontname_Click(Index As Integer)
    Select Case Index
        Case 0
            Text1.FontName="宋体"
        Case 1
            Text1.FontName="楷体_GB2312"
        Case 2
            Text1.FontName="黑体"
        Case 3
            Text1.FontName="隶书"
    End Select
End Sub
```

习 题 五

一.选择题

1. 以下属于合法的数组元素的是_____。

    A. a5   B. a[5]   C. a(5)   D. a{5}

2. 有数组声明语句:Dim x(-2 to 2,2 to 5),则下面引用数组元素正确的是_____。

    A. x(-2,3)   B. x(5)   C. x[-2,4]   D. x(-1,6)

3. 有数组声明语句:Dim AB(3,-2 to 2,3),则数组 AB 包含_____个元素。

    A. 36   B. 75   C. 80   D. 45

4. 下面_____语句声明的数组不是动态数组。

    A. Dim a()   B. Dim a(3)   C. ReDim a(3)   D. 以上都不是

5. 下面的数组声明语句中_____是正确的。

    A. Dim a[4,4] As Integer   B. Dim a(4,4) As Integer

    C. Dim a(4;4) As Integer   D. Dim a(4:4) As Integer

6. 使用语句 Dim a(1 to 5) As Integer 声明数组后,以下说法正确的是_____。

    A. 数组 a 中的所有元素值均为 0

    B. 数组 a 中的所有元素值均为 Empty

    C. 数组 a 中的所有元素值均不确定

    D. 执行 Erase a 后,数组 a 的所有元素值为 Null

7. 设有如下的自定义类型

```
Type Produce
    Pnumber As String
    Pname As String
    Pp As Integer
End Type
```

则正确引用该自定义类型变量的语句是：

A. Produce.Pname＝"电冰箱"

B. Dim x As Produce
x.Pname＝"电冰箱"

C. Dim x As Type Produce
x.Pname＝"电冰箱"

D. Dim x As Type
x.Pname＝"电冰箱"

8. 使用先复制再粘贴的方法建立一个命令按钮数组 Command1,以下对该数组的说法中错误的是_____。

A. 在代码中访问任意一个命令按钮只需使用名称 Command1

B. 所有命令按钮的 Caption 属性都是 Command1

C. 命令按钮的大小都相同

D. 命令按钮共享相同的事件过程

9. 下列程序

```
Option Base 1
Private Sub Form_Click()
    Dim a(30)
    For i＝1 To5
        j＝i * i
        a(j)＝j
    Next i
    Print a(25);
End Sub
```

程序运行时输出的结果是_____。

A. 16   B. 25   C. 0   D. 出错信息

10. 下列程序

```
Option Base 1
Private Sub Form_Click()
    Dim aa
    aa＝Array(16,8,15,13,11,9,7,5,3,2)
    For i＝1 To 10
        If a(i)/3＝aa(i)\3 Or aa(i)/5＝aa(i)\5 Then
            Sum＝Sum＋aa(i))
        End If
    Next i
```

```
        Print "Sum="; Sum
    End Sub
```

运行时输出 Sum 的值是_____。

A. 37　　　　　　　B. 25　　　　　　　C. 32　　　　　　　D. 96

11. 窗体上画一个命令按钮（其 Name 属性为 Command1），然后编写如下代码：

```
Option Base 1
Private Sub Command1_Click()
    Dim a(3, 3)
    For i=1 To 3
        For j=1 To 3
            a(i, j)=(i−1) * 2+j
        Next j
    Next i
    For i=2 To 3
        For j=2 To 3
            Print a(j, i)
        Next j
        Print
    Next i
End Sub
```

程序运行后，单击命令按钮，其输出结果为_____。

A. 1 2 6 7　　　B. 5 7　　　　　　C. 4 7　　　　　　D. 4 6 5 7

12. 执行以下事件过程后，在窗体中将显示_____。

```
Option Base 0
Private Sub Command1_Click()
    Dim a
    a=Array("1","2","3","4","5","6","7")
    Print a(2); a(4); a(6)
End Sub
```

A. 23　　　　　　　B. 246　　　　　　C. 135　　　　　　D. 357

13. 执行以下代码，设依次输入的数据是：1、2、3、4，则输出的结果为_____。

```
Dim a1(5) As Integer, a2(5) As Integer
For i=0 to 4
    a1(i+1)=val(InputBox("请输入数据："))
    a2(5−i)=a1(i+1)
Next i
Print a2(i)
```

A. 1　　　　　　　B. 3　　　　　　　C. 5　　　　　　　D. 0

14. 阅读下列代码，其运行结果是_____。

```
Private Sub Command1_Click()
    Dim a(10) As Integer，b(3) As Integer
    Dim i%，s%
    s＝0
    For i＝1 To 10
        a(i)＝i
    Next i
    For i＝1 To 3
        b(i)＝a(2 * i)
    Next
    For i＝1 To 3
        s＝s＋b(i)
    Next i
    Print s
End Sub
```

    A. 6   B. 9   C. 15   D. 12

15. 执行下列代码,输出结果是_____。

```
Dim a(10，10)
For i＝1 To 5
    For j＝2 To 4
        a(i，j)＝i * j
    Next j
Next i
Print a(2，4)＋a(3，4)＋a(4，5)
```

    A. 20   B. 22   C. 32   D. 出错

16. 以下叙述正确的是_____。

    A. 组合框包含了列表框的功能   B. 列表框包含了组合框的功能

    C. 列表框和组合框的功能无相近之处   D. 列表框和组合框的功能完全相同

17. 有关列表框属性描述正确的是_____。

    A. 列表框的内容由 ItemData 属性确定

    B. 选中的内容无法通过 List 属性访问

    C. 当多选属性(MultiSelect)为 True 时,可通过 Text 属性来获得所有内容

    D. 只有 MultiSelect 属性为 False 时,才可通过 Text 属性获得选中内容

18. 要设置一个下拉列表框,则组合框的 Style 属性值应为_____。

    A. 0   B. 1   C. 2   D. 3

19. 引用列表框 List1 的最后一个列表项应使用表达式_____。

    A. List1. List(ListCount)   B. List1. List(List1. ListCount)

    C. List1. List(ListCount−1)   D. List1. List(List1. ListCount−1)

20. 将数据项"心理学"添加到列表框 List1 中成为第一项应使用_____。

A．List1．AddItem 0，"心理学"　　　　B．List1．AddItem "心理学"，0

C．List1．AddItem 1，"心理学"　　　　D．List1．AddItem "心理学"，1

21．下列代码的功能是：逐一把列表框 List2 中的项目移入列表框 List1 中。为完成此功能，空白处应填入的语句是_____。

     _____

       List1．AddItem．List2．List(0)

       List2．ReMoveItem 0

    Loop

    A．Do Until List1．ListCount　　　　B．Do While List1．ListCount

    C．Do Until List2．ListCount　　　　D．Do While List2．ListCount

二、填空题

1．设有定义语句：Dim a(-1 to 2)，则一维数组 a 共有_____个元素，LBound(a)=_____，UBound(a)=_____。

2．二维数组 Dim a(-1 to 3，1 to 4)共有_____个元素，第一维下标从_____到_____，第二维下标从_____到_____。

3．控件数组的名称由_____属性指定，而数组中的每个元素由_____属性指定。

4．有下列代码段，其功能是_____。

```
Dim maxx As Integer，maxi As Integer
maxx=a(1)：maxi=1：sum=a(1)
For i=2 To 10
    sum=sum+a(i)
    If a(i)>maxx Then
        maxx=a(i)
        maxi=i
    Endif
Next i
```

5．下面代码段是对存放在数组中的元素按递增顺序排序，请在横线填入适当语句，完成排序操作。

```
For i=0 To n-1
    minn=i
    For j=i+1 To n
        If a(j)<a(minn) Then _____
    Next j

    _____
    a(i)=a(minn)
    a(minn)=t
Next j
```

6．阅读下面程序，写出运行结果。

```
Option Base 1
```

```
Private Sub Command1_Click()
    Dim a As Variant
    w=Array("Monday","Tuesday","Wedensday","Thursday","Friday","Saturday", _
        "Sunday")
    Printf w(1),w(3);
    a=Array(1,2,3,4,5,6,7)
    For i=1 To 7 Step 2
        print a(i);
    Next i
End Sub
```

运行结果是:_____

7. 阅读下面代码:

```
Private Sub Command1_Click()
    Dim a() As Integer
    Dim i%,j%,n%
    i=InputBox("Please enter the first number:")
    j=InputBox("Please enter the second number:")
    ReDim a(i to j)
    For n=LBound(a) to UBound(a)
        a(n)=n
        Print "a(";n;")=";a(n)
    Next n
End Sub
```

则当分别输入 3、4 时,输出结果是_____。

8. 阅读下面代码,其输出结果是_____。

```
Private Sub Command1_Click()
    Dim a(10)
    For i=1 to 10
        A(i)=10-i
    Next i
    n=5
    print  a(a(x)*2)
End Sub
```

9. 函数过程 Famax 的功能是返回数组的最大值,请在画线处填入适当语句。

```
Sub Form_Click()
    ReDim a(5)
    a()=Array(26, 37, 15, 49, 7, 87)
    b=Famax(a)
    Print b
```

```
End Sub
Private Function Famax(aa( ) As Variant)
    Dim beginno As Integer，endno As Integer
    Dim k As Integer
    beginno＝LBound(aa)
    endno＝UBound(aa)
    max＝aa(beginno)
    For k＝_____ To endno
        If _____ Then max＝_____
    Next k
    Famax＝max
End Sub
```

10. 下面程序的功能是：程序从键盘读取 40 个数保存到数组 a 中，将一维数组 a 中各元素的值移到后一个元素中，而最末一个元素的值移到第一个元素中去。然后，按每行 4 个数的格式输出。请在画线处填入适当内容，将程序补充完整：

```
Private Sub Command1_Click()
    Dim a(40) As Integer
    For i＝1 To 40
        a(i)＝Val(InputBox("请输入一个整数"))
    Next i
    b＝a(40)
    For i＝_____
        a(i＋1)＝a(i)
    Next i
    a(1)＝b
    For i＝_____
        Print _____ a(i)；
        If i _____ 4＝0 Then Print
    Next i
End Sub
```

11. 如图 5-23 所示，窗体包含 4 个对象：Label1、Label2、List1、command1。其中列表框 List1 中包含 4 个项目：医用高等数学、药物与美容、网页设计、文学欣赏。程序运行后，在 List1 中选择一个项目，然后单击命令按钮，可将所选择的项目删除，并在标签 Label2 中显示列表框当前的项目数。下面是命令按钮"删除"的事件代码，请填上适当语句，实现所需功能。

图 5-23

```
Private Sub Command1_Click()
    If List1. ListIndex ＞＝_____ Then
        List1. RemoveItem _____
```

```
            Label2. Caption＝_____
        Else
            MsgBox "请选择要删除的项目"
        End If
    End Sub
```

三、程序设计题

1. 从键盘输入 10 个数到数组中,然后按照数值由小到大的顺序输出。

2. 输入 20 个数至数组中,统计其中奇数的个数和偶数的个数。

3. 编写一个评委打分程序。要求:先将 10 位评委对 8 位歌手的评分存入一个二维数组 score(i,j) 中,其中 i 代表歌手,j 代表评委。对每位评委,去掉一个最高分和一个最低分,计算剩余 8 个数的平均分。

4. 使用控件数组完成两个数的加减乘除四则运算。

5. 编写代码,建立并输出一个 5×5 的矩阵,该矩两条对角线上的元素为 1,其余元素为 0。

6. 自定义一个学生类型,包含学号、姓名、成绩。声明一个学生类型的动态数组。输入 n 个学生的数据,计算 n 个学生的平均成绩。

第六章

过　　程

模块化程序设计是进行复杂程序设计的一种有效措施。其基本思想是将一个复杂的程序按功能进行分割，得到一些相对较小的独立模块，每一个模块都是功能单一、结构清晰、接口简单、易于理解的小程序，这些模块在 Visual Basic 中被称为"过程"。过程可以被其他的模块（程序段）多次调用，甚至于可以自己调用自己。本章主要介绍子程序过程和函数过程的定义、调用、参数传递以及变量的作用域等内容。

6.1　函　　数

6.1.1　引例

例 6.1　已知两个整数 m 和 n 的值，计算 $\dfrac{m!}{n!(m-n)!}$。

分析：要计算的式子包含三个求阶乘的运算，我们知道求阶乘的程序代码基本相同，不同的只是循环变量的终值。如果是先分别求出三个阶乘的值，再做分式计算，必然导致代码冗长。因此，可首先定义一个求阶乘的函数过程，然后像调用内部函数一样通过三次调用，即可完成计算。

定义计算某数阶乘的函数 factorial(x)，此处 x 没有确定的值，仅代表要求阶乘的整数。

```
Function factorial(x%) As Single
    Dim i%
    factorial=1
    For i=1 To x
```

```
        factorial＝factorial * i
      Next i
    End Function
```
′在事件过程中输入数据,分别调用计算阶乘,然后再求表达式的值。
```
Sub Form_Click()
    Dim m％, n％
    Dim c As Double
    m＝Val(InputBox("输入 m"))：n＝Val(InputBox("输入 n"))
    c＝factorial(m)/factorial(n)/factorial(Abs(m－n))
    MsgBox ("c＝" & c)
End Sub
```

从本例可以看出,对于重复使用的程序段,可以自定义一个函数过程,以供其他模块调用,从而简化了程序。

6.1.2 Visual Basic 中的过程

1. 过程的分类

Visual Basic 中的过程分为内部过程和外部过程两种类型。内部过程是由系统提供的程序段,供用户直接调用。如,前面学习过的常用内部函数(如 sqr()、abs()等)属于内部过程。外部过程是用户根据需要自定义的程序段。

根据过程是否有返回值,又将用户自定义过程分为子程序过程和函数过程两种类型。函数过程使用"Function"保留字开头,有返回值。子程序过程以"Sub"保留字开头,又称"Sub 过程",完成一定的操作功能,可以返回值,也可以不返回值。函数过程的返回值通过函数名返回,而 Sub 过程的返回值一般通过变量返回。

根据定义位置的不同,Visual Basic 的过程又可分为事件过程和通用过程两大类:

(1) 事件过程。事件过程是指当发生某个事件时,对该事件做出响应的程序代码,它是 Visual Basic 应用程序的主体。我们在前面章节中所遇到的过程,基本上都是事件过程。如:某窗体所包含的命令按钮(Command1)的单击事件过程 Private Sub Command1_Click( ),窗体的装入事件过程 Private Sub Form_Load()等。这些事件过程由系统指定,在指定位置编辑,用户不能任意定义,也不能增加或删除。

控件事件过程定义的一般格式为:

[Private|Public] Sub 控件名_事件名(参数表)
　　语句块
End Sub

窗体事件过程定义的一般格式为:

[Private|Public] Sub Form_事件名(参数表)
　　语句块
End Sub

（2）通用过程。在实际编程中,经常会遇到多个不同的事件过程需要使用同一段程序代码,这时,可以把这一段代码独立出来,定义为一个过程,这样的过程叫做"通用过程"。它需要单独建立,供事件过程或其他通用过程调用。

通用过程可以存储在窗体模块或标准模块中。存储在窗体模块中的通用过程只能被本窗体中的事件过程调用,而储存在标准模块中的通用过程则可以被整个工程中的所有事件过程调用。

2. 过程的调用

在 Visual Basic 中,通常是将一个应用程序分解成多个具有独立功能的逻辑段来实现应用程序的完整功能,这些逻辑程序段被称为"过程"。定义好的过程可以被调用（使用 ）,调用过程的执行流程如下图所示:

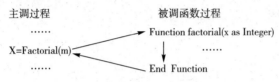

图 6-1　调用过程时的执行流程

当主调过程中执行到调用语句 X＝Factorial(m)时,则终止当前过程的执行,记住当前地址并完成参数传递后,转而去执行被调过程的代码,当执行到 End Function 时,再返回主调程序的调用处,再继续执行下面的程序代码,直到 End Sub。

6.1.3　函数过程的定义

创建函数过程的方法有两个:

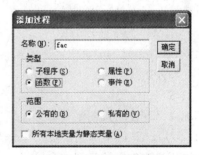

图 6-2　添加过程对话框

（1）打开"工具"菜单,选择"添加过程"命令,弹出"添加过程"对话框,如图 6-2 所示。在对话框中输入函数名称、选择类型为"函数"、确定范围后,点击"确定"按钮,则进入函数的编辑窗口。

（2）在代码窗口把插入点放入所有现有过程之外,直接输入函数过程。

自定义函数过程的格式如下:

［Public｜Private］Function 函数过程名（［形参列表］）［As 类型］
　　　局部变量或常数定义
　　　语句块 1
　　　函数名＝返回值
　　　［Exit Function
　　　语句块 2
　　　函数名＝返回值］
　　End Function

说明：

（1）Public 表示函数过程是全局的、公有的，可被程序中的任何模块调用；Private 表示函数是局部的、私有的，仅供本模块中的其他过程调用。若缺省，则表示是全局的。

（2）函数过程名的命名规则同变量名的命名规则。

（3）［As 类型］：给出函数过程的数据类型，也就是其返回值的类型。如缺省，其类型为 Variant 类型。

（4）形参用于在调用该函数时进行数据传递，是函数与调用程序之间交互的接口。用户在定义函数过程时，可根据需要使用形参，也可以不使用形参。形参没有具体的值，只代表参数的个数、位置和类型。注意，当无形参时，函数过程名后的"()"并不能省略，一对小括号是函数过程的标志。形参列表的格式为：

形参名 1［As 类型名］，形参名 2［As 类型名］，……

（5）函数过程是有返回值的，所以在函数体内至少要对函数名赋值一次。

（6）在 Function 和 End Function 之间是描述函数操作的语句块，称为"函数体"。在函数体内可以使用一个或多个 Exit Function 语句，执行到该语句时则从函数过程中退出，否则，执行到 End Function 语句时退出函数。

例 6.2 已知三角形三条边的边长 a、b、c，编写求三角形面积的函数，其中边长通过参数传递。

这里使用到根据边长求三角形面积的海伦公式：

$$s = \frac{a+b+c}{2}, area = \sqrt{s(s-a)(s-b)(s-c)}$$

因为要求边长通过参数传递，故把边长作为形参。

```
Function area(x!, y!, z!) As Single          'x、y、z 为形式参数
    Dim s As Single
    s=(x+y+z)/2
    area=Sqr(s*(s-x)*(s-y)*(s-z))
End Function
```

6.1.4　函数的调用

用户自定义的函数能完成一定的功能，可为其他模块提供服务。函数过程的调用与 Visual Basic 内部函数调用形式相同，调用格式为：

函数名（实参列表）

其中，实参（实际参数）是用来向函数中的形参传递数据的，它可以是常量、变量或表达式。

用户自定义的函数过程如同内部函数一样，有返回值，能够被调用，可以作为表达式的组成部分，但不能以单独的语句形式出现。如上例，已定义求三角形面积的函数，则调用 area 函数的形式为：

```
Dim mj As Single
    ……
```

mj＝area(a,b,c)

Visual Basic 是事件驱动的运行机制,所以一般是由事件过程调用自定义过程的。

例 6.3　利用例 6.1 中定义的求阶乘的函数,编程求 1!＋2!＋3!＋…＋10!。

Dim s As Single,i As Integer

s＝0

For i＝1 To 10

　　s＝s＋factorial(i)

Next i

Print "s＝"; s

例 6.4　编写函数,统计字符串中汉字出现的次数。

分析:在 Visual Basic 中,字符以 Unicode 码存放,汉字和西文字符均占两个字节。因汉字编码的最高位为 1,故用 Asc 函数求其码值时得到的是一个负数,故可利用 Asc 函数来判断一个字符是否为汉字。

Private Sub Command1_Click()

　　Dim n%

　　n＝CofStr(Text1. Text)

　　Print "字符串"; Text1; "中有"; n; "个汉字。"

End Sub

Function CofStr (ByVal s $)

　　Dim i%, t%, ss $

　　t＝0

　　For i＝1 To Len(s)

　　　　ss＝Mid(s, i, 1)

　　　　If Asc(ss)＜0 Then t＝t＋1　　　　'若 Asc(ss)＜0,则 ss 中存放的是一个汉字

　　Next i

　　CofStr＝t

End Function

6.2　过　　程

6.2.1　子过程的定义

Sub 过程不依附于任何窗体或控件,可以被事件过程或其他子过程调用。创建 Sub 过程的方法与创建一个函数过程相同。

子过程定义形式如下:

[Public|Private] Sub 子程序过程名[(形参列表)]

　　　　局部变量或常数定义

```
        语句块 1
        [Exit Sub
        语句块 2]
End Sub
```

说明:

(1) 子过程的命名规则、形参列表等与函数过程的要求相同。

(2) 程序段定义为子过程还是函数过程,Visual Basic 并没有明确规定。一般地,当要求有一个返回值时,定义函数过程,返回值通过函数名返回。当要求有多个返回值或没有返回值时,定义子过程,返回值通过变量返回。因此,子过程名既没有值,也不用设置其数据类型,在过程体内不要求有为子过程名赋值的语句。

(3) 同函数一样,子过程也可没有形参,但在定义子过程时"()"不能省略。

例 6.5 定义一个过程:通过键盘生成一个二维数组,并通过图片框控件输出。

```
Option Base 1
Dim a() As Integer
Private Sub generatemat ()
        fa=InputBox("请输入数组的第一维的上界:","输入")
        sa=InputBox("请输入数组的第二维的上界:","输入")
        ReDim a(fa, sa)
        Dim i As Integer, j As Integer
        For i=1 To fa
            For j=1 To sa
                a(i, j)=InputBox("请输入数组元素:","输入")
                Picture1. Print a(i, j);
            Next j
        Picture1. Print
        Next i
End Sub
```

6.2.2 子过程的调用

子过程的调用有两种形式,分别是:

(1) Call 子过程名[(实参列表)]

(2) 子过程名[(实参列表)]

说明:

(1) 子过程调用时,若没有实参,则括号可省略。

(2) 若子过程的返回值通过实参进行传递,则实参只能是变量,不能是常量、表达式、控件名。

例如,调用例 6.5 过程的语句可为:

Call generatemat

或 generatemat

例 6.6　定义过程,完成矩阵转置。

设计如图 6-3 所示的窗体。通过"生成矩阵"按钮,调用例 6.5 定义的过程 generatemat 生成一个二维数组。通过"转置矩阵"按钮,调用过程 Transpose,实现矩阵转置,并输出。所谓矩阵转置,是将原矩阵的行和列元素进行交换。

在窗体的"通用"部分添加两行代码:

图 6-3　例 6.6 运行界面

```
Option Base 1
Dim a( ) As Integer, b( ) As Integer
```

过程 Transpose 的代码如下:

```
Private Sub Transpose( )
    Dim m As Integer, n As Integer
    fb＝UBound(a, 2)
    sb＝UBound(a, 1)
    ReDim b(fb, sb)
    For m＝1 To fb
        For n＝1 To sb
            b(m, n)＝a(n, m)
            Picture2. Print b(m, n);
        Next n
        Picture2. Print
    Next m
End Sub
Private Sub Command1_Click( )
    Call generatemat
End Sub
Private Sub Command2_Click( )
    Call Transpose
End Sub
```

例 6.7　编写子过程用于分解出某个数的所有因子,并输出。

程序代码如下:

图 6-4　例 6.7 运行界面

```
Private Sub fac(x As Integer)
    Dim i％, j％
    Picture1. Cls
    Picture1. Print x & "=1";
    For i＝2 To Int(x/2)
        Do While x Mod i＝0
```

```
            Picture1. Print ″ * ″; i;
            x＝x/i
        Loop
    Next i
    If x ＜＞ 1 Then
        Picture1. Print ″ * ″; x
    End If
End Sub
Private Sub Command1_Click()
    Call fac(Val(Text1))
End Sub
```

6.3　参　数　传　递

6.3.1　形式参数和实际参数

参数是调用模块和被调模块之间进行信息交换的场所,根据其用途和定义位置的不同,可以把参数分为实际参数(简称"实参")和形式参数(简称"形参")两种类型。形参是在Sub、Function 过程的定义中出现的变量,位于过程名后的括号内。实参则是在调用 Sub 或Function 过程时传送给被调过程的量,位于调用语句中过程名后的括号内。形参可以是变量或数组名(带一对小括号),实参可以是常数、变量、表达式或数组元素。

模块之间的数据传递依赖于实参和形参,通过调用与被调用,实现了实参与形参的结合。实参与形参的个数须一致、对应位置的形参和实参类型要相同。如前例中定义求阶乘的函数,函数头部为:

Function factorial(x％) As Single

相应的调用语句为:

s＝s＋factorial(i％)

其中形参个数为1,变量名为 x,数据类型为整型。调用语句中,实参的个数也为1,数据类型也是整型。

用户在调用函数过程或子过程时,并不需要知道函数过程或子过程的形参名,需要知道的是形参个数、次序及其数据类型。

6.3.2　参数传递

在调用过程时,主调模块(过程)与被调模块(过程)之间需要进行数据交换,这一过程可以通过将实参的数据传递给形参来完成。即调用模块通过实参将数据传递给被调模块,被调模块执行操作后,再将运行结果返回给调用模块。事实上,形参正是被调过程接收待处理数据的窗口。参数的传递有两种方式:按值传递和按地址传递。

1. 按值传递

按值传递又称为"传值调用",直接把实参的值传递给形参,因此运行被调模块不会改变实参的值。定义过程时,在形参前加关键字 ByVal,则指明了该参数是按值传递。若实参为常量或表达式,则系统默认其参数传递方式为按值传递。按值调用的过程是:

(1) 形参与实参各占一个独立的存储空间。如图 6-5 所示,形参 x 和实参 a 分别拥有自己的存储空间。

(2) 形参的存储空间是在过程被调用时才分配的。调用开始时,系统为形参开辟一个临时存储空间,然后将各实参之值传递给形参,这时形参就得到了实参的值,完成了调用模块到被调过程的数据传递。

(3) 被调过程执行结束,返回调用模块时,形参占用的存储空间被释放。

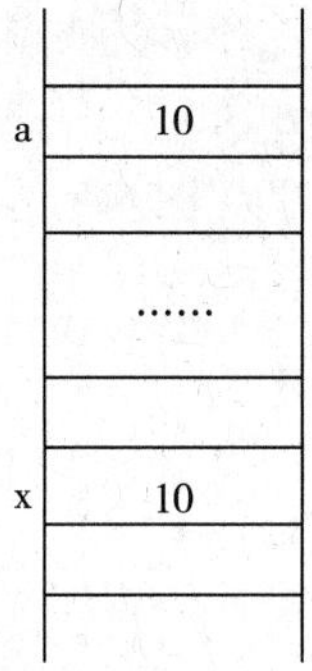

a	10
	……
x	10

图 6-5　按值传递示意图

因此,传值调用的特点是:值的传递是单向的。在被调过程中对形参变量的操作不会影响到实参变量,形参的值不能传回调用过程。下面给出一个参数按值传递的例子。

例 6.8　按值传递例子。

```
Private Sub Command1_Click()                  '按钮单击事件
    a=10 ：b=20                                '为变量赋值
    Print "调用子过程前实参的值："；"a="； a    '输出变量的值
    Call mysub1(a)                            '调用过程 mysub1,a 为实参
    Print "调用子过程后实参的值："；"a="； a
    Print "调用子过程前实参的值："；"b="； b
    Call mysub2(b+2)
    Print "调用子过程后实参的值："；"b="； b    '过程调用结束,输出实参变量之值,因为
End Sub                                        '是值传递,故实参值保持不变
Private Sub Command2_Click()
    End
End Sub
Private Sub Form_Load()
    Form1. Caption="参数按值传递例"
    Form1. Command1. Caption="调用过程"
    Form1. Command2. Caption="退　　出"
End Sub
Private Sub mysub1(ByVal x As Integer)        '定义过程,设 x 为形参,按值传递
    Print "形参接收到的值："； x                '输出形参的值
    x=100
    Print "被调子过程的形参重新被赋值："； x
```

```
End Sub
Private Sub mysub2(x As Integer)
    Print "形参接收到的值:"; x
    x＝x * 2
    Print "被调子过程的形参重新被赋值:"; x
End Sub
```

结果如图 6-6 所示:

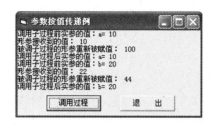

图 6-6 例 6.8 运行界面

2. 按地址传递

我们知道,当定义了一个变量,系统即为该变量分配相应的存储器单元。按地址传递参数,就是把实参的地址传递给被调过程中的形参,使二者指向同一个存储器单元。如图 6-7 所示,实参 a 和形参 x 共用同一存储空间。

因此,如在被调过程中改变了形参变量的值,也就是改变了其所指向的存储单元中的数据,则实参的值自然也被改变。这样,当结束过程返回调用模块时,这个变化了的数据即被带回。所以,参数按地址传递的特点是:值的传递是双向的。

在定义子过程或函数过程时,在形参前加关键字 ByRef 或缺少关键字,则指定该形参数与实参间的数据传递方式是按地址传递。例如:

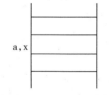

图 6-7 按地址传递

```
Private Sub mysub(ByRef x％, y％)
        ……
End Sub
```

因为按地址传递的实质是形参与实参共用同一内存空间,所以实参必须是变量。下面给出一个在调用时按地址传递参数的例子。

例 6.9 重新设计例 6.8 中的子过程 mysub1,要求其参数按地址传递。

```
Private Sub mysub(x As Integer)
    Print "形参接收到的值:"; x
    x＝100
    Print "被调子过程的形参重新被赋值:"; x
End Sub
```

其他事件代码与例 6.8 类似,窗体运行结果如图 6-8 所示。

图 6-8 例 6.9 运行结果

例 6.10　编写两个过程,其功能是交换两个变量的值。分别采用按地址传递方式和按值传递方式。

程序代码如下：

```
Sub swap1(ByVal x%, ByVal y%)
    Dim t%
    t=x：x=y：y=t
End Sub
Sub swap2(ByRef x%, ByRef y%)
    Dim t%
    t=x：x=y：y=t
End Sub
Private Sub Command1_Click()
    Dim a%, b%
    a=10：b=20
    Print "按值调用前实参的值分别为:a="; a; Space(5); "b="; b
    Call swap1(a, b)
    Print "按值调用后实参的值分别为:a="; a; Space(5); "b="; b
    a=10：b=20
    Call swap2(a, b)
    Print "按地址调用后实参的值分别为:a="; a; Space(3); "b="; b
End Sub
```

运行结果为：

图 6-9　例 6.10 运行结果

6.3.3　数组参数的传递

数组也可以作为形参或实参。数组做参数时,只需要以数组名加圆括号表示,忽略维数的定义,但数组名后的圆括号不能省略。数组作为参数时,采用的是传地址方式,所以形参数组和实参数组具有相同的起始地址,即对应的形参元素和实参元素的地址相同。如图 6-10 所示。因此,在过程中改变作为形参的数组元素的值,也必然改变实参数组相应元素的值。

实参数组a	12
	......
形参数组x	56

图 6-10　参数传递示意图

例 6.11　数组参数示例。

程序代码如下：

```
Private Sub Command1_Click()
    Dim b(), s%
    b=Array(86, 75, 89, 67, 92)
```

```
        s＝aavg(b())
        Print "调用 aavg 过程求得数组 b 的元素平均值为："；s
        Print "调用 aavg 过程后数组 b 的各元素值为："
        For i＝0 To UBound(b)
            Print b(i)；Space(3)；
        Next
    End Sub
    Function aavg(x())
        Dim i％，sum％
        sum＝0
        For i＝LBound(x) To UBound(x)
            sum＝sum＋x(i)
        Next i
        aavg＝Round(sum/i)
        For i＝LBound(x) To UBound(x)
            x(i)＝x(i)－aavg
        Next i
    End Function
```

图 6-11　例题 6.11 运行结果

通过调用子过程 aavg()，求数组 a 中各元素的平均值，并将每个元素与平均值的差存放到原数组元素中去。

由于实参数组与形参数组实质上所占的空间是一样的，因此，在子过程中改变形参的值，也就同时改变了实参数组元素的值。所以在本例中，返回主调过程后，输出实参数组 a 的各元素的值是被子过程改变后的值。

6.4　过程的嵌套调用和递归调用

6.4.1　过程的嵌套调用

Visual Basic 不允许一个过程被定义在另外一个过程体内（即嵌套定义），但允许嵌套调用。所谓"嵌套调用"是指，一个过程可以调用另外一个过程（或函数），而被调过程还可以再调用其他的过程（或函数）。其调用过程如图 6-12 所示：

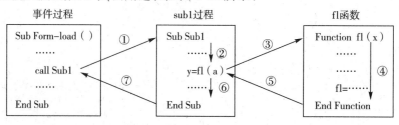

图 6-12　过程嵌套调用示意图

图中调用过程的执行步骤是：①→②→③→④→⑤→⑥→⑦。其中在事件过程 Form_ Load 中调用过程 Sub1，Sub1 过程又调用函数 f1。执行函数 f1 后，得到函数值，返回过程 Sub1，Sub1 执行结束后，返回主调过程。可见，这是一个层层调用、层层返回的过程。

6.4.2　过程的递归调用

递归就是某一事物直接地或间接地由自己组成。在 Visual Basic 程序设计中，所谓"递归调用"就是指一个子过程（函数）直接或间接地调用自身。请看下面的例子。

例 6.12　编写函数过程，通过递归调用计算 n!。

```
Private Sub Command1_Click()
    a％＝Val(InputBox("请输入整数："))
    Print "rfac(";a;")＝"; rfac(a)
End Sub
Public Function rfac(i As Integer)
    If i＝1 Then
        rfac＝1
    Else
        rfac＝i ∗ rfac(i－1)
    End If
End Function
```

递归调用在执行时，会引起一系列的调用和回代的过程。如图 6-13 所示为当 n＝4 时，rfac 的调用和回代过程。

图 6-13　递归调用示意图

递归是一种非常有效的算法，本例是基于如下的递归模型：

$$f(x) = \begin{cases} 1 & x \leqslant 1 \\ x * f(x-1) & x > 1 \end{cases}$$

当一个问题蕴含递归关系且结构复杂时，采用递归算法往往使程序变得更简洁。

例如，前面介绍过求最大公约数的例子，现用递归来实现。

求最大公约数的递归定义是：

$$\gcd = \begin{cases} n & m \bmod n = 0 \\ \gcd(n, m \bmod n) & m \bmod n <> 0 \end{cases}$$

由此可得函数代码：

```
Public Function gcd(m As Integer, n As Integer) As Integer
    If (m Mod n)＝0 Then
        gcd＝n
```

```
    Else
        gcd＝gcd(n, m Mod n)
End Function
```

通过前面的例子可以看出,有意义的递归调用都是由两部分组成的:(1)递归方式,如例 6.11 中的 $f(x)=x*f(x-1)$;(2)递归终止条件,如例 6.11 中的当 $x\leqslant1$ 时,$f(x)=1$。如果没有终止条件,可以想象递归调用就成了一个无限嵌套调用,无法结束。

再如,斐波那契数列 Fib(n) 的递推定义是:

$$fib(n)=\begin{cases}0 & n=0\\1 & n=1\\fib(n-1)+fib(n-2) & n>1\end{cases}$$

读者可以据此写出递归程序。

递归算法是一种很好的程序设计技术,对于求阶乘、指数运算以及求级数等复杂运算十分有效,但是递归算法虽然简单,却要消耗更多的计算机运行时间和内存空间,在实际编程时需谨慎使用。

6.5　变量的作用域

Visual Basic 的一个应用程序,通常是由若干个窗体模块、标准模块及类模块组成,每个模块又可以包含若干个过程,其结构如图 6-14 所示。

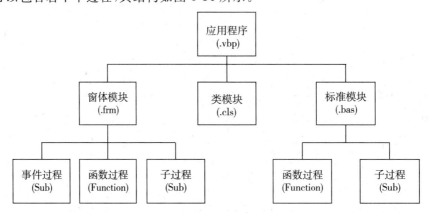

图 6-14　Visual Basic 应用程序结构示意图

变量在程序中必不可少,当应用程序包含有多个模块及过程(子过程或函数)时,每个模块和过程都可以定义自己的常量、变量。这些变量名或常量名由于声明的位置不同,可访问的范围也不同。通常把变量可访问的范围称为变量的"作用域"。

在 Visual Basic 中,根据变量的作用域的不同,可将变量分为三种不同的类型:局部变量(也称"过程级变量")、模块级变量和全局变量。

6.5.1　局部变量

局部变量只能在声明它的过程中被识别和使用。局部变量用 Dim 或 Static 关键字声明，只能在本过程中使用，其他过程不可访问它。如果在过程中没有声明而直接使用某个变量，该变量也是局部变量。例如：

Dim var1 As Integer

或

Static var2 As Single

局部变量随过程的调用而被分配存储单元，并进行变量的初始化，可在本过程体内进行数据的存取。用 Static 声明的变量又被称为"静态局部变量"，在离开过程时能保留变量的值。用 Dim 声明的变量又被称为"动态局部变量"，一旦该过程体结束，变量占用的存储单元即被释放，其内容自动消失。也就是说，每次调用过程时，用 Static 声明的变量保持原来的值；而用 Dim 声明的变量，每次调用过程时，会重新初始化。

局部变量的作用域仅限于其所在的过程，通常用于保存临时数据。不同的过程中可有相同名称的变量，彼此互不相干。因此，使用局部变量，会使得程序更安全、通用，也更有利于程序的调试。

例 6.13　局部变量例子。

```
Private Sub Command1_Click()
    Dim a As Integer，b As Integer
    a＝10；b＝100
    Print "调用过程 sub1 前变量 a、b 的值："
    Print "a＝"; a; Space(4); "b＝"; b
    Call sub1
    Print "调用过程 sub1 后变量 a、b 的值："
    Print "a＝"; a; Space(4); "b＝"; b
End Sub
Sub sub1()
    Dim a As Integer，b As Integer
    a＝11；b＝111
    Print "通用过程中变量 a、b 的值："
    Print "a＝"; a; Space(4); "b＝"; b
End Sub
```

程序的运行结果如图 6-15 所示，可以看出按钮单击事件过程中声明的变量与通用过程 sub1 中声明的变量之间没有联系，尽管变量名相同。它们属于两个不同的过程，均属于局部变量，其作用域仅限于本过程。

图 6-15　例 6.13 运行结果

例6.14 编写程序,利用局部变量 c_click 统计单击窗体的次数,请对比下面两段代码。

```
Private Sub Form_Click()                Private Sub Form_Click()
    Dim c_click%                            Static c_click%
    c_click = c_click + 1                   c_click = c_click + 1
    Print "已单击窗体"; c_click; "次"        Print "已单击窗体"; c_click; "次"
End Sub                                  End Sub
```

每单击一次窗体,即调用 Form_click 事件过程一次。当变量 c_click 被声明为动态局部变量时,每次调用事件过程时,变量都会被重新初始化(被置为 0),因此结果总是显示"已单击窗体 1 次"。而当变量 c_click 被声明为静态局部变量,结束事件过程时仍能保留上次执行过程后的值,于是能够记录用户单击窗体的实际次数。运行结果如图 6-16 所示。

图6-16 例6.14 运行结果

6.5.2 模块级变量

为解决多个事件过程、子过程间的数据共享问题,可以使用模块级变量,模块级变量的作用范围是它们所在的整个模块。使用 Private、Dim 关键字,在窗体模块(Form)的通用声明段或标准模块(Module)中声明的变量,都称为"模块级变量"或"私有的模块级变量"。

例6.15 模块级变量示例。

```
Dim a As Integer, b As Integer          '声明模块级变量
Private Sub Command1_Click()
    a=10: b=100
    Print "调用过程 sub1 前变量 a、b 的值:"
    Print "a="; a; Space(4); "b="; b
    Call sub1
    Print "调用过程 sub1 后变量 a、b 的值:"
    Print "a="; a; Space(4); "b="; b
End Sub
Sub sub1()
    a=11: b=111
    Print "子过程 sub1 中变量 a、b 的值:"
    Print "a="; a; Space(4); "b="; b
End Sub
```

图6-17 例6.15 运行结果

运行结果如图 6-17 所示。由运行结果可以看出,模块级变量 a、b 在不同的过程中都能访问和修改。

6.5.3 全局变量

全局变量也被称为"公有的模块级变量",其作用域是整个应用程序(工程),可被应用程序的任何过程访问。全局变量的声明方法是在模块的声明中使用 Public 关键字声明变量。例如:

Public a As Integer

全局变量的值在程序运行过程中始终不会消失和重新初始化,只有当整个应用程序执行结束时,才会消失。虽然在某些场合把变量定义为全局变量使用起来会很方便,但由于其在任何一个子过程中都可以被改变和使用,当某个子过程执行完后,其值会带回主程序,再调用其他子过程时,又会被代入。它增加了子过程之间的关联性,降低了各子过程的独立性。因此,如果有更好的处理变量的方法,建议不要使用全局变量。

例 6.16 全局变量示例。

```
Public i As Integer
Private Sub Form_Click()
    Dim i As Integer
    i＝100
    Me.i＝200
    Print "全局变量 i 和局部变量 i 的值分别是:"
    Print Me.i, i
End Sub
```

图 6-18　例 6.16 运行结果

运行结果如图 6-18 所示。一般来说,在同一模块中定义了不同级而同名的变量时,系统优先访问作用域小的变量。如在上例中分别声明了全局变量 i 和局部变量 i,在事件过程 Form_Click()中优先使用在本过程中声明的局部变量 i。若要访问全局变量 i,需在变量名前加关键字"Me"或窗体名"Form1"。

我们可以通过表 6—1 对三种变量进行比较,请读者分析并掌握三种类型变量的区别及使用方法,更好地为编程服务。

表 6-1　变量的作用域及声明方式对比表

变量类型	局部变量	模块级变量	全局变量
声明方式	Dim, Static	Dim, Private	Public
变量的声明位置	过程中	模块的声明段中	模块的声明段中
能否被本模块中的其他过程访问	否	能	能
能否被其他模块访问	否	否	能

习　题　六

一.选择题

1. 使用过程编写程序是为了_____。

　A.使程序易于阅读　　　　　　　B.使程序模块化

　C.提高程序运行速度　　　　　　D.便于系统的编译

2. Sub 过程与 Function 过程的根本区别是_____。

    A. Function 过程可以有参数，Sub 过程不可以有参数

    B. 两种过程的参数传递方式不同

    C. Sub 过程无返回值，Function 过程有返回值

    D. Sub 过程是语句级调用，可以使用 Call 或直接使用过程名，后者是在表达式中调用

3. 以下描述正确的是_____。

    A. 过程的定义可以嵌套，但过程的调用不能嵌套

    B. 过程的定义不可以嵌套，但过程的调用可以嵌套

    C. 过程的定义和过程的调用均可以嵌套

    D. 过程的定义和过程的调用均不能嵌套

4. Sub 过程的定义中_____。

    A. 一定要有过程名   B. 一定要指明其类型

    C. 一定要有形参   C. 一定指明是公有的还是静态的

5. 若定义 Sub 过程时没有使用 Private、Public、Static 关键字，则所定义的过程是_____。

    A. 公有的   B. 私有的   C. 静态的   D. 以上三项都不对

6. 不能脱离控件而独立存在的过程是_____。

    A. 事件过程   B. 通用过程   C. Sub 过程   D. Function 过程

7. 下列关于函数的说法，正确的是_____。

    A. 函数名在过程中只能被赋值一次

    B. 在函数体内，如果没有给函数名赋值，则该函数过程没有返回值

    C. 函数过程是通过函数名带回函数值的

    D. 定义函数时，如未使用 As 子名定义函数的类型，则该函数过程是无类型过程。

8. 下列关于过程和函数的形参用法说明不正确的是_____。

    A. ByVal 类别的形参，是按参数的值进行传递

    B. ByRef 类别或无类别的形参，是按参数的地址进行传递

    C. 一般调用时所给定的实参需与形参的顺序及类型相容或相同

    D. 形参的类型可以用已知的或用户已定义的类型来指定，也可以不指定

9. 设有函数 suma，定义如下。则调用 suma 函数正确的是_____。

```
Private Function suma(a() As Integer)
    For i=LBound(a) To UBound(a)
        suma=suma+a(i)
    Next i
End Function
```

    A. S=suma(a(1 to 5))   B. S=suma(a)

    C. S=suma(a(5))   D. S=suma a

10. 运行下面代码后，输出结果为_____。

```
Private Function proc1(x, y, z)
    x=x+1：y=y+1：z=z+1
```

```
    Print "sub:"; x; y; z
End Function
Private Sub Command1_Click()
    a=1: b=2: c=3
    Call proc1(a, b+3, (c))
    Print "main:"; a; b; c
End Sub
```

A. sub:2 6 4　　　　B. sub:2 4 6　　　　C. sub:2 6 4　　　　D. sub:2 4 6

　　main:1 2 3　　　　　main:2 2 3　　　　　main:2 6 4　　　　　main:1 6 4

11. 单击命令按钮 command1 后,程序代码执行结果为_____。

```
Private Sub Command1_Click()
    sum=p(1)+p(2)+p(3)
    Print sum
End Sub
Public Function p(n As Integer)
    t=1
    For i=1 To n
        t=t*i
    Next i
    p=t
End Function
```

A. 6 .　　　　　　　B. 9　　　　　　　　C. 12　　　　　　　　D. 15

12. 下列代码运行的结果是_____。

```
Private Sub change(ByVal a As Integer, b As Integer)
    temp=a :a=b :b=temp
End Sub
Private Sub Command1_Click()
    Dim a%, b%
    a=10 :b=100
    change (a, b)
    Print a, b
End Sub
```

A. 100　10　　　B. 100　100　　　C. 10　100　　　D. 10　10

13. 在窗体上画一个命令按钮,其名称为 command1,然后编写如下代码:

```
Private Sub Command1_Click()
Dim a(10) As Integer
Dim x As Integer
    For i=1 To 10
        a(i)=2*i
```

```
        Next i
        x＝1
        Print a(f(x)＋1)
    End Sub
    Function f(x As Integer)
        x＝2 * x＋1
        f＝x
    End Function
```
单击命令按钮后,输出结果为_____。

A. 2   B. 4   C. 6   D. 8

14. 设有如下通用过程:
```
    Private Sub Command1_Click()
        Dim s1 As String
        s1＝"abcdef"
        Text1＝UCase(fun(s1))
    End Sub
    Public Function fun(xs As String) As String
        Dim s As String, num As Integer
        s＝""
        num＝Len(xs)
        i＝1
        Do While i<num/2
            s＝s & Mid(xs, i, 1) & Mid(xs, num－i＋1, 1)
            i＝i＋1
        Loop
        fun＝s
    End Function
```
程序运行后,单击命令按钮,则输出结果是_____。

A. abcdef   B. ABCDEF   C. afbe   D. AFBE

15. 窗体上有按钮 Command1 和下列代码。当运行窗体时,先单击窗体,然后单击命令
    按钮,在输入对话框中输入 100,则程序的输出结果是_____。
```
    Dim flag As Boolean
    Private Sub Command1_Click()
        Dim X As Integer
        X＝InputBox("请输入:")
        If flag Then
            Print fac(X)
        End If
    End Sub
```

```
Function fac(X As Integer) As Integer
    If X<0 Then
        Y=-1
    Else
        If X=0 Then
            Y=0
        Else
            Y=1
        End If
    End If
    fac=Y
End Function
Private Sub Form_MouseUp(Button As Integer, Shift As Integer, X As Single, _
    Y As Single)
    flag=True
End Sub
```

A. -1　　　　　　B. 0　　　　　　C. 1　　　　　　D. 无任何输出

二、填空题

1. 要使变量在某事件过程中保留值,则声明变量的方法有_____。

2. 为使某变量在所有窗体中都能使用,可在_____处声明变量。

3. 过程名前添加关键字_____,表示此过程可被其他模块过程调用,而添加_____,则表示此过程仅能被本模块中的其他过程调用。

4. 在过程(Sub)和函数(Function)中,可以直接返回值的是_____。

5. 窗体上有一个名称为 Command1 的命令按钮,其事件代码及函数过程如下。则单击该按钮后,输出结果为_____。

```
Private Sub Command1_Click()
    Dim a As Integer, b As Integer
    a=10: b=20
    Print facm(a, b)
End Sub
Function facm(x As Integer, y As Integer)
    facm=IIf(x>y, x, y)
End Function
```

6. 窗体上有一个名称为 Command1 的命令按钮,其事件代码及函数过程如下。则单击该按钮后,输出结果为_____。

```
Private Sub Command1_Click()
    Print fun(5)
End Sub
Function fun(ByVal x As Integer)
```

```
    If (x＝0 Or x＝1) Then
        fun＝1
    Else
        fun＝x－fun(x－1)
    End If
End Function
```

7. 已知函数 $sum(k,n)＝1^k＋2^k＋\cdots n^k$。下面的 Function 过程 power 计算给定参数的函数值。请补充完整。

```
Private Sub Command1_Click()
    Dim k％, i％, s As Long
    k＝Val(InputBox("k＝"))
    n＝Val(InputBox("n＝"))
    s＝0
    For i＝1 To n
        s＝s＋power(_____)
    Next i
    Print s
End Sub
Private Function power(k As Integer, x As Integer)
    Dim i As Integer, t As Long
    t＝1
    For i＝1 To k

        _____

    Next i


        _____

End Function
```

8. 窗体上有按钮 Command1,运行窗体时,单击按钮,则输出结果为_____。

```
Private Sub Command1_Click()
    Print test(1);
    Print test(3);
    Print test(5);
    Print test(7)
End Sub
Private Function test(ByVal x As Integer) As Integer
    s＝0
    For i＝1 To x
        If x ＜＝3 Then test＝x: Exit Function
        s＝s＋i
    Next i
```

```
    test＝s
End Function
```

9. 设有如下代码：

```
Private Sub Form_Click()
    Dim a As Integer, b As Integer
    a＝1: b＝2
    p1(a, b)
    p2(a, b)
    p3(a, b)
    Print "a＝";a, "b＝"; b
End Sub
Sub p1(x As Integer, ByVal y As Integer)
    x＝2 * x
    y＝2 * y＋1
End Sub
Sub p2(ByVal x As Integer, y As Integer)
    x＝2 * x
    y＝2 * y＋1
End Sub
Sub p3(ByVal x As Integer, ByVal y As Integer)
    x＝2 * x
    y＝2 * y＋1
End Sub
```

则程序运行后,单击窗体,则在窗体上输出的内容是：_____。

10. 菲波纳契数列：1,1,2,3,5,…,当 $n \geqslant 3$ 时有如下递推关系： $f_n = f_{n-2} + f_{n-1}$ 。下面是计算此数列的函数,请补充完整。

```
Private Sub Command1_Click()
    Dim n％, f％
    n＝Val(InputBox("请输入："))
    f＝fib(n)
    Print f
End Sub
Function fib(x％)
    If x＝1 Or x＝2 Then
        fib＝1
    Else
        fib＝_____
    End If
End Function
```

三、设计题

1. 编写函数,随机产生一个 100～999 之间的整数,计算并返回该整数各个数位上的数字之和。

2. 编写一个函数过程,求三个数中的最大值和最小值。

3. 编写函数过程,要求返回圆的周长,其半径通过形参传递。

4. 编写 Sub 过程,要求用随机数函数产生一个 9×9 的矩阵,找出值最大的元素,并输出最大值及其所在的行号和列号。

5. 编写 Sub 过程,其功能是输出如下所示的图形,设置输出图形的行数为形参。

```
        1
       2 2 2
      3 3 3 3 3
     4 4 4 4 4 4 4
      3 3 3 3 3
       2 2 2
        1
```

6. 修改例题 6.5,要求使用数组作参数完成数据传递。

第七章

用户界面设计

用户界面是应用程序的一个最重要的组成部分，通过它实现应用程序和用户的交互。编写一个应用程序，首先就应该设计一个简单、实用的界面。在 Visual Basic 应用程序中，用户界面是由窗体及窗体中的各个控件对象组成的。

在第二章中，我们已经学习了简单的用户界面的设计方法，以及窗体和一些基本控件的属性、事件和方法。在本章中，我们将着重介绍其他一些常用基本控件以及 ActiveX 控件的属性、事件和方法等内容。另外，在第二章中介绍过的通用属性，本章将不再重复介绍。

7.1 单选按钮、复选框和框架

单选按钮、复选框和框架是用户界面上使用频率比较高的控件。下面将分别介绍它们的属性、事件和方法。

7.1.1 单选按钮(OptionButton)

单选按钮(OptionButton)控件，通常以组的形式出现，由一组彼此相互排斥的选项构成，只允许用户在这一组控件中选择一个选项。当选中某一单选按钮时，圆框中出现一个小黑点，同组中其他选项的小黑点消失。

单选按钮最重要的属性有 Caption 和 Value。单选按钮上显示的文本通过 Caption 属性设置。Value 属性的值是逻辑类型的真值和假值，表示单选按钮的状态。Value 值为 True 表示选中，False 表示未选中。

单选按钮最基本的事件是 Click 事件。当用户单击后，单选按钮被选中。

例 7.1 通过单选按钮设置文本框的字体。

界面如图 7-1 所示,各控件的属性如表 7-1 所示。文本框 Text1 的 Text 属性值为"欢迎您使用 VB"。

图 7-1　例 7.1 运行界面

表 7-1　例题 7.1 各控件属性

控件名称(Name)	标题(Caption)
Option1	宋体
Option2	楷体
Option3	隶书
Option4	黑体

事件代码如下:

```
Private Sub Option1_Click()
    Text1.FontName="宋体"
End Sub
Private Sub Option2_Click()
    Text1.FontName="楷体_GB2312"
End Sub
Private Sub Option3_Click()
    Text1.FontName="隶书"
End Sub
Private Sub Option4_Click()
    Text1.FontName="黑体"
End Sub
```

7.1.2　复选框(CheckBox)

如果用户希望在应用程序界面中可以选定一组选项中的一项或者多项,可以使用复选框(CheckBox)。当某项被选中后,复选框左侧方框内出现一个"√"。

复选框最主要的属性有 Caption 和 Value。复选框上显示的文本通过 Caption 属性设置。Value 属性的值是数值型数据,用来表示复选框当前状态;它有 3 种状态:0 表示未被选中,1 表示被选中,2 表示"不可用"(灰色)。

复选框最基本的事件是 Click 事件。当用户单击后,复选框自动改变状态。

例 7.2　通过复选框设置文本框的字体、字形和颜色。

界面如图 7-2 所示,各控件的属性如表 7-2 所示。文本框 Text1 的 Text 属性值为"可视化程序设计"。

图 7-2　例 7.2 运行界面

表 7-2　例题 7.2 各控件属性

控件名称(Name)	标题(Caption)
Check1	加粗
Check2	斜体
Check3	下划线
Check4	红色

事件代码如下：

```
Private Sub Check1_Click()
    Text1. FontBold＝Not Text1. FontBold
End Sub
Private Sub Check2_Click()
    Text1. FontItalic＝Not Text1. FontItalic
End Sub
Private Sub Check3_Click()
    Text1. FontUnderline＝Not FontUnderline
End Sub
Private Sub Check4_Click()
    If Check4. Value＝1 Then
        Text1. ForeColor＝vbRed
    Else
        Text1. ForeColor＝vbBlue
    End If
End Sub
```

7.1.3 框架(Frame)

框架是一种容器控件,利用框架可以将一些控件按照不同的功能划分成不同的组,组与组之间是相互独立的。例如,在一个用户界面上,如果将单选按钮分成若干组,每组只能有一个单选按钮被选中,但整个窗体在同一时刻却可以选中多个单选按钮。

使用框架时,应该首先在窗体上绘制框架,然后把创建的控件放在框架中。当框架移动时,框架中的控件也跟着移动。如果需要把已经存在的控件放到框架中,可以先将它们剪切到剪贴板,然后粘贴到框架上。

框架最主要的属性是 Caption,属性值是框架的名称。

例7.3 设计如图 7-3 所示的用户界面,利用框架控件将四个单选按钮和二个复选框分为三组,分别用来改变文本框中的字体、字号和字形。程序运行后,用户可在"字体"、"字号"和"字形"三个框架中根据需要选

图 7-3 例题 7.3 运行界面

择,然后单击"确定"按钮,此时文本框中的文字将按照用户的选择设置。

注意：

对单选按钮和复选框进行分组时,一定要先画框架,然后在其中添加相应的控件。

事件代码如下：

```
Private Sub Form_Load()
    Option1. Value＝True
    Option3. Value＝True
```

```
        Check2. Value=1
End Sub
Private Sub Command1_Click()
        '设置字体
        If Option1. Value Then Text1. FontName="楷体_GB2312"
        If Option2. Value Then Text1. FontName="黑体"
        '设置字号
        If Option3. Value Then Text1. FontSize=16
        If Option4. Value Then Text1. FontSize=24
        '设置字形
        If Check1 Then
                Text1. FontBold=True
        Else
                Text1. FontBold=False
        End If
        If Check2 Then
                Text1. FontItalic=True
        Else
                Text1. FontItalic=False
        End If
End Sub
Private Sub Command2_Click()
        End
End Sub
```

例题 7.3 和例题 7.1、7.2 的不同点在于,例题 7.1、7.2 中,每次单击单选按钮或者复选框,就引发相应的事件过程,实现相应的设置,代码写在相应的单选按钮或者复选框的 Click 事件中。而例题 7.3 单击单选按钮或者复选框后,不立即改变文本框中文字的属性,而是通过单击命令按钮引发单击事件过程来实现的,因此代码写在命令按钮的 Click 事件中。

7.2 计 时 器

计时器(Timer)控件又称"定时器"或"时钟控件",它的功能是每隔一定的时间间隔执行一次 Timer 事件。可用于计时或控制某些操作(如动画)。计时器控件在设计时可见,运行时不可见。

1. 主要属性

(1) Interval 属性。用于设置计时器的 Timer 事件发生的时间间隔,以 ms(0.001s)为单位,取值范围为[0,64767],默认为 0。例如,如果希望每个 0.5s 执行一次 Timer 事件,

Interval 属性应设置为 500。如果将 Interval 属性设置为 0,计时器控件将不执行 Timer 事件。

（2）Enabled 属性。该属性用于设置计时器控件是否有效。当 Enabled 属性为 True 并且 Interval 属性大于 0 时,计时器控件开始工作；当 Enabled 属性为 False 时,计时器控件无效。

2. 事件

计时器控件只有一个 Timer 事件。当 Enabled 属性为 True 并且 Interval 属性大于 0 时,Timer 事件在 Interval 属性指定的时间间隔之后立即发生。

例 7.4 利用计时器控件显示当前时间,并且实现窗体上的文本从左向右移动。运行界面如图 7-4 所示。要求如下：

（1）在窗体上添加二个标签,Label1 和 Label2,Label1 的标题为空,Label2 的标题为"移动的文本"

（2）在窗体上添加一个计时器控件 Timer1,用来显示当前时间并实现文本移动,Interval 设置为 1000,Enabled 属性为 False。

图 7-4 例题 7.4 运行界面

（3）在窗体上添加一个标题为"开始"的命令按钮 Command1,单击"开始",显示当前时间,文本开始移动,按钮变成"暂停"；单击"暂停",停止显示当前时间,文本停止移动。

事件代码如下：

```
Private Sub Command1_Click()
    If Command1. Caption="暂停" Then
        Command1. Caption="开始"
        Timer1. Enabled=False
    Else
        Command1. Caption="暂停"
        Timer1. Enabled=True
    End If
End Sub
Private Sub Timer1_Timer()
    Label1. Caption=Time()
    If Label2. Left<Form1. Width Then
        Label2. Move Label2. Left+100
    Else
        Label2. Left=0
    End If
End Sub
```

例 7.5 利用计时器控件,设计一个倒计时程序。运行界面如图 7-5 所示,要求如下：

（1）在窗体上添加文本框 Text1,用于设置时间,以分钟为单位。

（2）在窗体上添加命令按钮 Command1,标题为"开始",当单击命令按钮开始倒计时。

（3）倒计时时间显示在标签上，当时间到了弹出"时间到!"对话框。

（4）在窗体上添加计时器 Timer1，Enabled 属性设置为 False，Interval 属性设置为 1000。

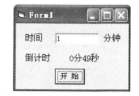

图 7-5　例题 7.5 运行界面

事件代码如下：

```
Dim t As Integer
Private Sub Command1_Click()
    t＝60 * Val(Text1. Text)        '将时间转换成秒
    Timer1. Enabled＝True           '将计时器控件设置为可用
End Sub
Private Sub Timer1_Timer()
    Dim m，s As Integer
    t＝t－1
    m＝Int(t/60)                    '计算倒计时分钟
    s＝t Mod 60                     '计算倒计时秒
    Label4. Caption＝m & "分" & s & "秒"
    If (t＝0) Then
        Timer1. Enabled＝False
        MsgBox ("时间到!")
    End If
End Sub
```

7.3　滚　动　条

滚动条(ScrollBar)控件通常用来附在窗口上帮助用户观察数据或确定位置，也可以用来作为数据的输入工具。滚动条有水平滚动条（HScrollBars）和垂直滚动条（VScrollBars）两种。虽然两种滚动条的方向不一样，但功能是相同的。

1．主要属性

（1）Min 和 Max 属性。

Min 属性——滑块处于最小位置所能代表的值，取值范围－32768～32767。

Max 属性——滑块处于最大位置所能代表的值，取值范围－32768～32767。

（2）Value 属性。该属性表示滑块当前位置所代表的值。随着滑块的位置的改变而改变，其值介于 Min 和 Max 之间。

（3）LargeChange 属性。鼠标单击滑块与滚动箭头之间的区域时，Value 属性所增加或减少的量。

（4）SmallChange 属性。鼠标单击滚动箭头时，Value 属性所增加或减少的量。

2.事件

滚动条最重要的事件有 Change 和 Scroll。当滚动条的 Value 属性发生变化时，就会触发 Change 事件。在滚动条内拖动滑块会触发 Scroll 事件。

3.方法

滚动条也具有 Move 和 SetFocus 方法，但在程序设计过程中很少使用这些方法，这里不再具体介绍。

例 7.6　设计一个应用程序，通过滚动条来改变文本框中文字的大小。运行界面如图 7-6 所示，要求如下：

（1）在窗体上添加一个文本框 Text1，Text 属性值为"改变文字大小"。

（2）在窗体上添加一个水平滚动条 Hscroll1，Max 属性为 72，Min 属性为 8。

图 7-6　例题 7.6 运行界面

（3）编写水平滚动条 Hscroll1 的 Change 事件和 Scroll 事件，用于改变文字大小。

（4）在窗体上添加一个标签 Label1，用于显示当前文字的大小。

事件代码如下：

```
Private Sub HScroll1_Change()
    Text1.FontSize＝HScroll1.Value
    Label1.Caption＝"当前文字大小是："＆ HScroll1.Value
End Sub
Private Sub HScroll1_Scroll()
    Text1.FontSize＝HScroll1.Value
    Label1.Caption＝"当前文字大小是："＆ HScroll1.Value
End Sub
```

7.4　文件系统控件

计算机中的文件是按照目录结构存放在不同的磁盘驱动器中。在应用程序中，常常需要对文件进行打开、保存、复制等操作。Visual Basic 提供了两种控件来实现文件操作：

（1）Visual Basic 标准的文件系统控件。

（2）通用对话框控件。本节介绍 Visual Basic 内部标准的文件系统控件，通用对话框控件将在下一节介绍。

Visual Basic 提供了三种对文件进行操作的标准控件：驱动器列表框（DriveListBox）、目录列表框（DirListBox）和文件列表框（FileListBox）。这三个控件是相互独立的，也可以组合在一起使用，设计出处理文件的对话框程序。

7.4.1 驱动器列表框(DriveListBox)

驱动器列表框与组合框相似,在下拉列表中显示当前系统中的磁盘驱动器,用户可以从中选择查看。

驱动器列表框的一个重要的属性是 Drive 属性,该属性用于返回或设置当前选择的驱动器。Drive 属性只能通过程序代码赋值,不能在属性窗口中设置。使用格式为:

驱动器列表框. Drive[=驱动器名]

如果省略驱动器名,Drive 属性默认的是当前驱动器。

驱动器列表框的常用事件是 Change 事件,当驱动器列表框的 Drive 属性值发生变化时触发该事件。

7.4.2 目录列表框(DirListBox)

目录列表框用来显示当前驱动器的全部目录结构,外观与列表框相似。双击某个目录名,将打开该目录并显示其子目录的结构。

目录列表框的一个重要属性是 Path 属性,用来返回或设置列表框中的当前目录。该属性只能在程序代码中设置,不能在属性窗口中设置。使用格式为:

目录列表框. Path[=路径]

例如,Dir1. Path="E:\VB"。如果省略路径,则显示当前路径。当改变 Path 属性值时,将触发目录列表框的 Change 事件。

如果窗体上同时有驱动器列表框和目录列表框,当改变驱动器列表框的 Drive 属性,可以同时为目录列表框指定驱动器,实现同步效果。这时,需要在驱动器列表框的 Change 事件中使用如下语句:

Dir1. Path=Drive1. Drive

7.4.3 文件列表框(FileListBox)

文件列表框是用来显示指定目录中的所有文件或者指定类型的文件。下面介绍该控件的主要属性和常用事件。

1. Path 属性

Path 属性用来设置在文件列表框中显示的文件所在的目录。文件列表框控件中的内容会根据 Path 属性值的变化自动刷新。当改变目录列表框的 Path 属性时,可以同时指定文件列表框 Path 属性的值,实现目录列表框和文件列表框的同步效果。这时,需要在目录列表框的 Change 事件中使用如下语句:

File1. Path=Dir1. Path

2．Pattern 属性

Pattern 属性用来设置在文件列表框中显示文件的类型。默认情况下，Pattern 属性的值为"＊．＊"，即所有文件。要显示某种类型的文件，可以使用如下的语句：File.Pattern＝"＊.vbp"，则在文件列表框中将显示当前目录下所有扩展名为.vbp 的文件。如果要显示多种类型的文件，多个扩展名之间用"；"分隔。

Pattern 属性既可以在属性窗口中设置，也可以在程序代码中设置。

3．FileName 属性

FileName 属性的值是在文件列表框中选定的文件名。该属性只能在程序代码中设置，不能在属性窗口中设置。

4．常用事件

文件列表框最常用的事件是 Click 事件和 DblClick 事件。

7.4.4　文件系统控件组合编程

例 7.7　设计一个图片浏览器，界面如图 7-7 所示。在窗体上依次添加一个图片框，AtuoSize 属性为 True；驱动器列表框、目录列表框和文件列表框。在文件列表框中只显示扩展名为.bmp 和.jpg 的文件。单击文件列表框中的某个图片文件时，窗体上的图片框能显示该图片。编程实现上述效果。

图 7-7　例题 7.7 运行界面

事件代码如下：

（1）在窗体 Load 事件添加代码，使文件列表框只显示扩展名为.bmp 和.jpg 的文件。

```
Private Sub Form_Load()
    File1.Pattern＝"＊.bmp；＊.jpg"
End Sub
```

（2）编写驱动器列表框的 Change 事件代码，使驱动器列表框和目录列表框保持同步变化。

```
Private Sub Drive1_Change()
    Dir1.Path＝Drive1.Drive
End Sub
```

（3）编写目录列表框的 Change 事件代码，使目录列表框和文件列表框保持同步变化。

```
Private Sub Dir1_Change()
    File1.Path＝Dir1.Path
End Sub
```

（4）编写文件列表框 Click 事件代码，使图片框显示选择的图片。

```
Private Sub File1_Click()
    Picture1. Picture＝LoadPicture(File1. Path＋"\"＋File1. FileName)
End Sub
```

7.5　通用对话框

　　前面介绍的控件都属于 Visual Basic 中的标准控件,也称为"内部控件",在工具箱中默认显示。对于比较复杂的应用程序,仅使用标准控件是远远不够的,还需要利用 Visual Basic 以及第三方开发商提供的 ActiveX 控件。

　　ActiveX 控件是 Visual Basic 工具箱的扩充,通常以扩展名为. ocx 的文件形式存在。一般情况下,ActiveX 控件通常存放在 Windows 的 System32 目录下。在使用 ActiveX 控件之前,首先应该把需要的 ActiveX 控件添加到工具箱中,添加步骤是:打开"工程"菜单的"部件"对话框(如图 7-8 所示),该对话框列出当前系统中所有注册过的 ActiveX 控件、可插入对象和 ActiveX 设计器;选择所需的 ActiveX 控件,然后单击"确定"按钮,相应的 ActiveX 控件就被添加到工具箱中。被添加的 ActiveX 控件可以像标准控件一样使用,当然也能从工具箱中删除它。

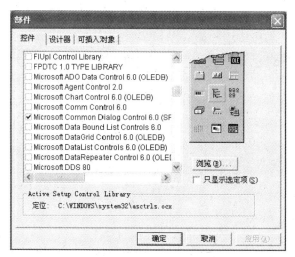

图 7-8　"部件"对话框

　　实际上,用户除了可以使用已经设计好的 ActiveX 控件外,还可以通过 Visual Basic 提供的 ActiveX 设计器自己设计 ActiveX 控件。在本节中,将介绍一种 ActiveX 控件——通用对话框控件。

7.5.1　通用对话框概述

　　在 Windows 环境下的应用程序中,常常需要执行打开和保存文件、选择颜色和字体、打印等操作,这就需要应用程序提供相应的对话框以方便使用。在 Visual Basic 中,这些对话框已经被做成了通用对话框(CommonDialog)控件。

通用对话框控件为用户提供了一组对话框,可以使用它进行打开文件、保存文件、选择颜色和字体、设置打印选项等操作。另外还可以通过调用 Windows 帮助引擎来显示应用程序的帮助。

1. 添加通用对话框控件

通用对话框(CommonDialog)控件属于 Visual Basic 专业版和企业版所特有的 ActiveX 控件。使用通用对话框控件之前,需要通过选择"工程"→"部件"对话框中的 Microsoft Common Dialog Control 6.0 部件加载。加载后在工具箱中就可以看到通用对话框控件 。

2. 使用通用对话框控件

由于 CommonDialog 控件仅在窗体处于设计状态时可见,在窗体运行时是不可见的,所以在设计时可以将它放置在窗体的任何位置。

通用对话框能建立 6 种形式的标准对话框,分别为打开(Open)、另存为(Save As)、颜色(Color)、字体(Font)、打印机(Printer)和帮助(Help)。通用对话框仅适用于应用程序与用户之间进行信息交互,是输入/输出界面,不能真正实现打开文件、保存文件、设置颜色和字体、打印等操作,这些功能必须通过编程实现。

在显示出标准对话框之前,应通过设置 Action 属性或调用 Show 方法来打开相应的标准对话框。Action 属性和 Show 方法的对应关系如表 7-3 所示。

表 7-3　通用对话框的 **Action** 属性和 **Show** 方法

通用对话框类型	**Action** 属性	**Show** 方法
打开文件(Open)	1	ShowOpen
另存为(Save As)	2	ShowSave
选择颜色(Color)	3	ShowColor
选择字体(Font)	4	ShowFont
打印(Printer)	5	ShowPrinter
帮助文件(Help)	6	ShowHelp

对话框的类型不是在窗体设计阶段设置,而是在程序代码中进行设置。例如:在窗体上添加一个通用对话框控件 CommonDialog1,若要在程序运行时显示"另存为"对话框,可以用以下代码实现:

CommonDialog1. Action＝2

或

CommonDialog1. ShowSave

注意:

Action 属性不能在属性窗口中设置,只能在程序中赋值,用于调出相应的对话框。

3. 通用对话框(CommonDialog)控件的属性页

通用对话框控件的属性可以在属性窗口中设置,也可以在代码中设置,最常用的是在"属性页"对话框中设置,如图 7-11 所示。

可以使用以下的方法打开"属性页"对话框:

(1) 在窗体上添加通用对话框控件,右击该控件,在快捷菜单中选择"属性",打开"属性页"对话框。

(2) 选择通用对话框控件属性窗口的自定义,单击右侧的"…"按钮,可以打开"属性页"对话框。

7.5.2 "打开(Open)"对话框和"另存为(Save)"对话框

1. "打开"对话框

"打开"对话框是当 Action 属性为 1 时或用 ShowOpen 方法时显示的通用对话框,如图 7-9 所示。在"打开"对话框中仅仅提供一个打开文件的用户界面,不能真正打开文件,打开文件的具体操作需通过编程实现。

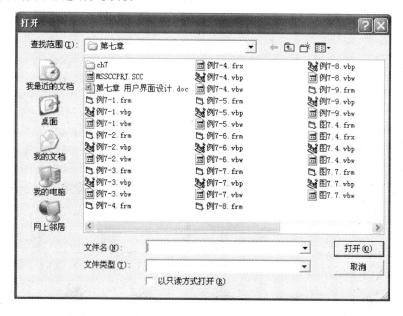

图 7-9 "打开"文件对话框

2. "另存为"对话框

"另存为"对话框是当 Action 属性为 2 时或者用 ShowSave 方法显示的通用对话框,供用户指定要保存文件的驱动器、文件夹和扩展名。"另存为"对话框并不能直接提供文件的存储操作,需通过编程实现。

例 7.8 设计一个应用程序,当单击"图片浏览"按钮后,在弹出的对话框中,选择一个

JPG 的图片文件,在图形框中显示出该图片,运行界面如图 7-10 所示。要求如下:

(1) 在窗体上添加三个控件,分别是图形框(Picture1)、通用对话框(CommonDialog1)、命令按钮(Command1)。

(2) 通用对话框的属性在"属性页"中设置,如图 7-11 所示。

(3) 对命令按钮编写事件过程,将通用对话框设置为"打开",并且实现图片的加载。

图 7-10　例题 7.8 运行界面

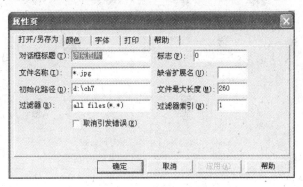

图 7-11　"属性页"对话框

事件代码如下:

```
Private Sub Command1_Click()
    CommonDialog1. Action＝1
    Picture1. Picture＝LoadPicture(CommonDialog1. FileName)
End Sub
```

从图 7-11 可以看出,在"属性页"对话框中有五个选项卡,分别是"打开/另存为"、"颜色"、"字体"、"打印"和"帮助"。下面着重介绍"打开/另存为"选项卡中的几个选项。

(1) 对话框标题(DiaglogTitle):用于设置对话框的标题。

(2) 文件名称(FileName):表示用户所要打开文件的文件名。

(3) 初始化路径(IninDir):用于设置"打开"对话框的初始目录,若不设置该属性,系统返回当前目录。

(4) 过滤器(Filter):用于设置显示文件的类型。格式为:描述|通配符,如果需要设置多项时,可以用"|"符号分隔开。该属性选项显示在"文件类型"列表框中。例如,在过滤器中设置 Domcuments(* . doc)| * .DOC|Pictures(* .jpg)| * .jpg|ALL FILES| * . * ,则在"文件类型"列表框中显示下列三种类型的文件,扩展名为.doc 的 Word 文件、扩展名为.jpg 的图片文件和所有文件。

(5) 标志(Flags):设置对话框的一些选项,可以是多个值的组合。

(6) 缺省扩展名(DefaultExt):为对话框设置缺省的文件扩展名,当保存一个没有扩展名的文件时,自动将此默认扩展名作为文件扩展名。

(7) 文件最大长度(MaxFileSize):用于指定文件名的最大长度,取值范围 1～2048,默认值为 256。

(8) 过滤器索引(FilterIndex):用来指定默认的过滤符。其值为一个整数。用 Filter 设置多个过滤符之后,每个过滤符都有一个值,第一个过滤符的值为 1,第二个过滤符的值为 2,依次类推。用 FilterIndex 属性可以指定作为默认显示的过滤符。

注意：

"打开"对话框和"另存为"对话框所涉及的属性基本一致。

例 7.9 设计一个应用程序，利用"打开"和"另存为"对话框实现文件的打开和保存。运行界面如图 7-12 所示。文本框和通用对话框的属性按照表 7-4 进行设置。

表 7-4 文本框和通用对话框属性

对象名	属 性	设 置
Text1	Caption	空
	MultiLine	True
	ScrollBars	2
CommonDialog1	FileName	*.txt
	InitDir	D:\ch7
	Filter	Text Files(*.txt)|*.Txt|All Files(*.*)|*.*

图 7-12 例题 7.9 运行界面

"打开"按钮的事件代码如下：

```
Private Sub Command1_Click()
        CommonDialog1.ShowOpen                              '打开"打开"对话框
        Open CommonDialog1.FileName For Input As #1         '打开文件进行读操作
        Do While Not EOF(1)
            Line Input #1, linedata                         '读出一行数据
            Text1.Text=Text1.Text+linedata+vbCrLf           '在文本框中显示出数据
        Loop
        Close #1                                            '关闭文件
End Sub
```

"另存为"按钮的事件代码如下：

```
Private Sub Command2_Click()
        CommonDialog1.FileName="Default.txt"                '设置默认文件名
        CommonDialog1.DefaultExt="txt"                      '设置默认扩展名
        CommonDialog1.Action=2                              '打开"文件"对话框
        Open CommonDialog1.FileName For Output As #1        '打开文件写入数据
        Print #1, Text1.Text
        Close #1
End Sub
```

说明：

例题 7.9 中关于文件的操作将在后续章节具体介绍。

7.5.3 "颜色"和"字体"对话框

许多应用程序中，用户可以根据自己的需要选择颜色和字体，这时需要用到颜色和字体对话框。"颜色"对话框是当 Action 属性为 3 时的通用对话框；"字体"对话框是当 Action 属性为 4 时的通用对话框。也可以使用 ShowColor 打开"颜色"对话框，使用 ShowFont 打开"字体"对话框。

"颜色"对话框除了基本属性之外，还有一个主要的属性 Color，返回或设置选定的颜色。

"字体"对话框除了基本属性之外，还有一个主要的属性 Flags，该属性决定 CommonDialog 控件是否显示屏幕字体、打印字体或者两者同时显示。所以在使用 CommonDialog 控件选择字体之前，必须设置 Flags 属性的值。Flags 属性值可使用表 7-5 所示的常数。

表 7-5　字体对话框 Flags 属性设置值

常数	值	说　明
cdlCFScreenFonts	&H1	显示屏幕字体
cdlCFPrinterFonts	&H2	显示打印机字体
cdlCFBoth	&H3	显示打印机字体和屏幕字体
cdlCCFEffects	&H100	出现删除线、下划线、颜色组合框

例 7.10　设计一个应用程序，利用"颜色"和"字体"对话框改变文本框中文字的颜色和字体。运行界面如图 7-13 所示。要求如下：

图 7-13　例题 7.10 运行界面

(1) 添加一个文本框 Text1，Text 属性值为空。

(2) 添加一个 CommonDialog 控件，Flags 属性设置为 1，以便正确的显示出系统字体。

(3) 在窗体上添加两个命令按钮，标题分别是"设置颜色"、"改变字体"，在其中编写代码，实现颜色和字体的改变。

"设置颜色"按钮事件代码如下，设置颜色对话框如图 7-14 所示：

```
Private Sub Command1_Click()
    CommonDialog1. Action=3
    Text1. ForeColor=CommonDialog1. Color
End Sub
```

"改变字体"按钮事件代码如下，设置字体对话框如图 7-15 所示：

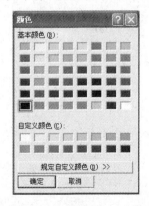

图 7-14　"设置颜色"对话框

图 7-15　"改变字体"对话框

```
Private Sub Command2_Click()
    CommonDialog1.Action=4
    CommonDialog1.Flags=cdlCFBoth Or cdlCCFEffects
    Text1.FontName=CommonDialog1.FontName
    Text1.FontSize=CommonDialog1.FontSize
    Text1.FontItalic=CommonDialog1.FontItalic
    Text1.FontUnderline=CommonDialog1.FontUnderline
End Sub
```

7.5.4 "打印"对话框

当通用对话框的 Action 的属性值为 5 时,通用对话框作为打印对话框使用。"打印"对话框并不能处理打印工作,仅仅可以让用户选择要使用的打印机,并可为打印处理指定相应的选项,如打印范围、数量等。

例 7.11　设计一个如图 7-16 所示的用户界面,单击"打印"按钮,打开如图 7-17 所示的"打印"对话框。

"打印"按钮的事件代码:

```
Private Sub Command1_Click()
    CommonDialog1.Action=5
End Sub
```

图 7-16　例题 7.11 运行界面

图 7-17　"打印"对话框

"打印"对话框的主要属性有:

(1) Copies(复制份数):打印份数。

(2) FromPage(起始页号):打印起始页号。

(3) ToPage(终止页号):打印终止页号。

7.6　ActiveX 控件

关于 ActiveX 控件的基本概念,在 7.5 节中已经介绍过,本节中,我们再简单介绍两个 ActiveX 控件。

7.6.1　进程条(ProgressBar)控件

进程条(ProgressBar)控件是一种 ActiveX 控件,需要加载后才能使用。选择"工程"→"部件",在打开的如图 7-8 所示的对话框中选择"Microsoft Windows Common Controls 6.0"即可。

进程条控件的作用是监视操作完成的进度,该控件通过从左到右用一些方块填充矩形来表示一个较长时间操作的进度。

进程条控件有水平和垂直两种形式,由属性 Orientation 决定,值为 0 表示进程条为水平方向,值为 1 表示进程条为垂直方向。进程条控件的主要属性还有下面几个:

1. Max 属性

该属性用于返回或设置进程条的最大值(缺省值为 100)。

2. Min 属性

该属性用于返回或设置进程条的最小值(缺省值为 0)。

3. Value 属性

该属性用于返回或设置进程条的当前位置。

例 7.12　设计一个应用程序,用 ProgressBar 控件显示一个循环的进度情况,并用一个按钮控制循环的开始。运行界面如图 7-18 所示。

命令按钮的事件代码如下:

图 7-18　例题 7.12 运行界面

```
Private Sub Command1_Click()
    Dim counter As Long, i As Long
    counter=100000
    ProgressBar1.Min=0
    ProgressBar1.Max=counter
    ProgressBar1.Value=ProgressBar1.Min
    For i=1 To counter
        ProgressBar1.Value=i
    Next i
End Sub
```

7.6.2　SSTab 控件

SSTab 控件位于 Microsoft Tabbed Dialog Control 6.0 部件中。它提供了一组选项卡，每个选项卡都可以作为其他控件的容器，即可以将其他控件放置于选项卡中。在 SSTab 控件中，同一时刻只有一个选项卡是活动的，该选项卡向用户显示它本身所包含的控件并隐藏其他选项卡中的控件。

1. 主要属性

(1) Style 属性：决定了 SSTab 控件上的选项卡的样式，默认为 0。
(2) Tabs 属性：决定了 SSTab 控件上的选项卡的总数。
(3) TabsPerRow 属性：决定了 SSTab 控件每一行选项卡的数目。
(4) TabOrientation 属性：决定了 SSTab 控件上的选项卡的位置。
(5) Tab 属性：决定了 SSTab 控件上的当前选项卡。

2. 事件

SSTab 控件能响应 Click 和 Dblclick 事件，Dblclick 事件与其他控件相似，Click 事件在用户单击选项卡时发生，当单击某个选项卡时，会变成活动选项卡。

例 7.13　设计一个应用程序，在 SSTab 控件上设置两个选项卡，分别为"颜色"和"字体"，用来设置文本框中文字的字体和颜色。运行界面如图 7-19 所示。

图 7-19　例题 7.13 运行界面

SSTab 控件的属性设置要求如下：
(1) 将选项卡数(Tabs)属性设置为 2，TabsPerRow 属性设置为 2。
(2) 打开 SSTab 控件的属性页，如图 7-20 所示将两个选项卡的标题分别设置为"字体"和"颜色"。
(3) 在每个选项卡上添加相应的字体和颜色选项按钮，并编写事件代码。

图 7-20　SSTab 控件的属性页

选项按钮的事件代码如下：

```
Private Sub Option1_Click()
    Text1.FontName="楷体_GB2312"
End Sub
Private Sub Option3_Click()
    Text1.ForeColor=vbRed
End Sub
```

7.7　多窗体

简单的应用程序通常只需要一个窗体，但是在实际应用中，遇到一些复杂的问题时，就需要使用多个窗体。在多窗体中，每个窗体都可以有自己的界面和程序代码。本节将介绍如何创建多窗体的应用程序。

7.7.1　添加窗体

建立工程时，系统会自动创建一个窗体，该窗体的默认名称为 Form1。在设计中，如果需要，可以加入新的窗体。

添加窗体的方法是：单击工具栏上的"添加窗体"按钮或者选择"工程"菜单中的"添加窗体"菜单命令。

在当前工程中添加多个窗体，需要注意的问题是：

（1）每一个窗体对应一个窗体模块，窗体模块保存在扩展名为 .frm 的文件中。应用程序有几个窗体，就有几个窗体模块文件。添加所需窗体后，在"工程资源管理器"窗口会列出已建立的窗体名称，如图 7-21 所示，通过"工程资源管理器"窗口可以查看并修改任何一个窗体及代码。

图 7-21　"工程资源管理器"窗口

（2）一个工程中所有窗体的名称（Name）属性都不能重名。所以要注意添加的已有窗体名称是否与工程中现有窗体名称冲突。

（3）添加的窗体可以被多个工程共享，因此对该窗体的所做的改变会影响到共享该窗体的所有工程。

例 7.14　设计一个应用程序，程序中有两个窗体，第一个窗体显示加载"例题 7-14-1.jpg"图片文件，第二个窗体显示加载"例题 7-14-2.jpg"图片文件。运行后界面如图 7-22（a）和图 7-22（b）所示。要求：首先显示第一个窗体，单击第一个窗体后显示第二个窗体，单击第二个窗体,返回第一个窗体。

图 7-22(a) 例题 7.14"窗体 1"运行界面　　　图 7-22(b) 例题 7.14"窗体 2"运行界面

"窗体 1"的 Form_Load()事件代码如下：

```
Private Sub Form_Load()
    Form1. Height=3990
    Form1. Width=5325
    Form1. Picture=LoadPicture("d:\ch7\例题 7-14-1.jpg")
End Sub
```

"窗体 2"的 Form_Load()事件代码如下：

```
Private Sub Form_Load()
    Form2. Height=3990
    Form2. Width=5325
    Form2. Picture=LoadPicture("d:\ch7\例题 7-14-2.jpg")
End Sub
```

"窗体 1"的 Form_Click()事件代码如下：

```
Private Sub Form_Click()
    Form1. Hide          '隐藏窗体 1
    Form2. Show          '显示窗体 2
End Sub
```

"窗体 2"的 Form_Click()事件代码如下：

```
Private Sub Form_Click()
    Form2. Hide          '隐藏窗体 2
    Form1. Show          '显示窗体 1
End Sub
```

注意：

保存例题 7.14 多窗体工程文件的时候,需要
保存三个文件:两个窗体文件和一个工程文件。

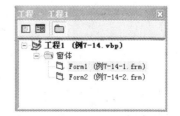

图 7-23 "工程资源"窗口显示的内容

三个文件保存完毕后,文件名称会显示在"工程资源管理器"窗口中。如图 7-23 所示。

7.7.2　设置启动对象

在多窗体情况下,当应用程序开始运行,运行的第一个窗体称为"启动窗体"。在缺省情况下,程序开始运行时,首先见到的是窗体 Form1,这是因为系统默认 Form1 为启动对象。

如果要改变系统默认的启动对象,可以通过以下步骤进行设置:

(1) 打开"工程"菜单,选择"工程属性"菜单项。

(2) 打开如图 7-24 所示的"工程属性"对话框。

(3) 选择"通用"选项卡中的"启动对象",在下拉列表中选择一项作为新的启动对象。

图 7-24 "工程属性"对话框

可以设置为启动对象的,除了窗体之外,还可以是 Main 子过程。如果启动对象是 Main 子过程,则程序启动时不加载任何窗体,以后由该过程根据不同情况决定是否加载或加载哪个窗体;Main 子过程必须放在标准模块中,不能放在窗体模块中。

7.8　多文档界面(MDI)窗体

7.8.1　多文档界面(MDI)的特点

Windows 应用程序的用户界面主要有单文档界面(SDI,Single Document Interface)和多文档界面(MDI,Multiple Document Interface)两种形式。

1. 单文档(SDI)界面

单文档(SDI,Single Document Interface)就是一次只能打开一个文档的应用程序,想要打开另一个文档时,必须先关上已打开的文档。如,Windows 的应用程序 WordPad(记事本),就是一个典型的 SDI 界面的应用程序。前面章节所举的实例都是 SDI 界面。

2. 多文档(MDI)界面

多文档(MDI,Multiple Document Interface)是指一次可以打开多个相同样式的文档,并且同时可以对多个文档进行编辑的应用程序。Windows 绝大多数应用程序都具有多文档界面,例如 Microsoft Word、Microsoft Excel 等。

一个 MDI 界面的应用程序可以包含三类窗体:MDI 父窗体(简称"MDI 窗体")、MDI 子窗体(简称"子窗体")、普通窗体(或称"标准窗体")。MDI 窗体只能有一个,子窗体可以有多个。普通窗体与 MDI 窗体没有直接的从属关系。父窗体为应用程序中所有的子窗体提供工作空间,MDI 子窗体的设计与 MDI 父窗体的设计无关,但在程序运行阶段,子窗体总是包含在 MDI 父窗体显示区域内,不能移动到 MDI 父窗体的边界以外。

7.8.2 创建 MDI 窗体

创建 MDI 应用程序需要分别创建 MDI 父窗体及其子窗体。

1. 建立有一个子窗体的 MDI 窗体

(1)创建一个新的工程,这时新工程已经预先建立好一个窗体 Form1。

(2)选择"工程"菜单中的"添加 MDI 窗体"菜单命令,在打开的对话框中选择"新建"选项卡中的 MDI 窗体选项,这时,在新工程里就添加了一个名称为 MDIForm1 的 MDI 窗体。

(3)选择"工程"菜单中的"工程属性"菜单命令,在"启动对象"列表中选择 MDIForm1,将 MDI 父窗体设置为启动对象。

(4)选取 Form1 窗体,在属性窗口中将 MDIChild 属性值设置为 True。此时,Form1 窗体将作为 MDI 窗体的子窗体。

图 7-25   MDI 窗体运行界面

(5)运行时会发现,窗体 Form1 放置在 MDIForm1 窗体内,如图 7-25 所示。

2. 建立有多个子窗体的 MDI 窗体

MDI 窗体的默认状态只能装入一个子窗体,具有一定的局限性。在 MDI 父窗体的 Load 事件过程中添加如下的代码,可以装入要显示的一个或多个窗体,运行界面如图 7-26 所示。

```
Private Sub MDIForm_Load()
    Form1. Show
    Form2. Show
End Sub
```

由上面两个图可以看到,MDI 子窗体均在 MDI 父窗体的工作空间内。用户可以移动和改变子窗体的大小;也可以给 MDI 子窗体添加控件,和在标准窗体上放置控件是一样的。MDI 父窗体和子窗体都可以各自设计本身的菜单,但在程序运行阶段,子窗体的菜单会显示在 MDI 父窗体上,所以,一般情况下,只要将菜单预先设置在 MDI 父窗体上就可以了。

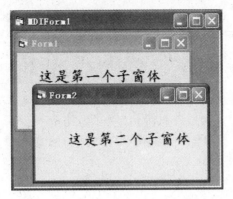

图 7-26　包含多个子窗体的 MDI 窗体运行界面

7.9　鼠 标 与 键 盘 操 作

鼠标和键盘是操作计算机的主要输入设备。在应用程序运行过程中,经常需要知道用户对鼠标和键盘的具体操作,以便于程序设计人员根据不同的情况对鼠标和键盘进行编程。在 Visual Basic 中,专门定义了与鼠标和键盘相关的事件。

7.9.1　鼠标事件

所谓"鼠标事件"是由用户操作鼠标而引发的能被各种对象识别的事件。我们已经知道,鼠标在窗体上单击时产生 Click 事件,双击产生 Dblclick 事件。除此之外,窗体能够识别鼠标常用的事件还有 MouseDown、MouseUp 和 MouseMove 事件。

1. MouseDown 事件

用户按下任意一个鼠标键就会触发 MouseDown 事件。例如:

```
Private Sub Form_MouseDown(Button As Integer, Shift As Integer, X As Single, _
    Y As Single)
    Print "这是 MouseDown 事件"
    Print "按下鼠标键触发 MouseDown 事件"
    Print X, Y
End Sub
```

运行界面如图 7-27 所示。

图 7-27　窗体的 MouseDown 事件

2. MouseUp 事件

用户释放任意一个鼠标键都会触发 MouseUp 事件。例如:

```
Private Sub Form_MouseUp(Button As Integer，Shift As Integer，X As Single，Y As Single)
    Print "这是 MouseUp 事件"
    Print "释放鼠标键触发 MouseUp 事件"
    Print X，Y
End Sub
```

运行界面如图 7-28 所示。

图 7-28　窗体的 **MouseUp** 事件

当进行鼠标操作时,触发的事件往往不止一个。如果将上面两个例题的程序放在同一窗体中,在窗体上按下鼠标键再释放,会先触发 MouseDown 事件,再触发 MouseUp 事件。

3. MouseMove 事件

用户移动鼠标会触发 MouseMove 事件。例如:

```
Private Sub Form_MouseMove(Button As Integer，Shift As Integer，X As Single，_
    Y As Single)
    Print "这是 MouseMove 事件"
    Print "移动鼠标键触发 MouseMove 事件"
    Print X，Y
End Sub
```

运行界面如图 7-29 所示。

图 7-29　窗体的 **MouseMove** 事件

下面对 MouseDown、MouseUp 和 MouseMove 三个事件过程中的参数进行说明:

(1) Button 参数:用来指示用户按下或释放了哪个鼠标按钮,它返回一个整数。Button＝1,按下鼠标左键;Button＝2,按下鼠标右键;Button＝3,按下鼠标中间键。

(2) Shift 参数:用来确定键盘上的 Shift 键、Ctrl 键和 Alt 键的状态,也返回一个整数。在按下鼠标键的同时,如果按下 Shift 键,Shift＝1;如果按下 Ctrl 键,Shift＝2;如果同时按下 Shift 键和 Ctrl 键,Shift＝3;如果按下 Alt 键,Shift＝4 等。

(3) 参数 X,Y 返回鼠标指针当前位置。

7.9.2　键盘事件

在 Visual Basic 中,窗体和接受键盘输入的控件能识别的键盘事件主要有三个:KeyPress 事件、KeyDown 事件和 KeyUp 事件。

1. KeyPress 事件

用户按下与 ASCII 字符对应的键时将会触发 KeyPress 事件。KeyPress 事件只会对产生 ASCII 码的按键有反应,包括数字、大小写的字母、Enter、BackSpace、Esc、Tab 键等。对于方向键(↑、↓、←、→)这样不产生 ASCII 码的按键,不会产生 KeyPress 事件。例如:

```
Private Sub Form_KeyPress(KeyAscii As Integer)
    Print "敲击键盘上的某个字符会触发 KeyPress 事件"
```

　　　　Print KeyAscii，Chr＄（KeyAscii）

End Sub

运行界面如图 7-30 所示。

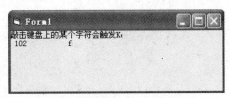

图 7-30　窗体的 KeyPress 事件

2. KeyDown 和 KeyUp 事件

　　当控制焦点在某个对象上，用户同时按下键盘上的任一键时，都会触发 KeyDown 事件；释放按键，会触发 KeyUp 事件。

　　例如：在窗体的（800，1000）处画一个半径为 400 的圆。

Private Sub Form_KeyDown（KeyCode As Integer，Shift As Integer）

　　　　cls

　　　　Print

　　　　Print "按下键盘上的某个键触发 KeyDown 事件"

　　　　Circle （800，1000），400　　　　　　　'在窗体上画一个圆

End Sub

运行界面如图 7-31 所示。

　　在程序中，参数 KeyCode 是通过 ASCII 值或键代码常数来识别键的。字母键的键代码与此字母的大写字符的 ASCII 值相同。例如，"A" 和 "a" 的 KeyCode 都是 Asc（"A"）返回数值 97。如果要判断按下的字母是大写还是小写，就需要使用 Shift 参数。

图 7-31　窗体的 KeyDown 事件

习　题　七

一.选择题

　　1. 下列控件中没有 Caption 属性的是＿＿＿＿＿＿。

　　　　A. 框架　　　　　　B. 单选按钮　　　　　C. 复选框　　　　　　D. 列表框

　　2. 复选框的 Value 属性为 1 时，表示＿＿＿＿＿＿。

　　　　A. 复选框未被选中　　　　　　　　　　B. 复选框被选中

　　　　C. 复选框内有灰色的勾　　　　　　　　D. 复选框操作有错误

　　3. 下列选项中，＿＿＿＿＿＿属性可以设置计时器控件的时间间隔。

　　　　A. Value　　　　　　B. Interval　　　　　C. Enabled　　　　　D. Text

　　4. 如果每 0.5 秒产生一个计时器事件，则计时器控件的 Interval 属性应设置为＿＿＿＿＿＿。

　　　　A. 5000　　　　　　B. 500　　　　　　　C. 50　　　　　　　　D. 5

5. 复选框对象是否被选中,是由其_____属性决定的。

    A. Selected   B. Checked   C. Value   D. Enabled

6. 以下不允许用户在程序运行时输入文字的控件是_____。

    A. 文本框   B. 简单组合框   C. 下拉列表框   D. 下拉式组合框

7. 假定时钟控件的 Interval 属性为 1000,Enabled 属性为 True,调用下面的事件过程,则 2s 后输出的变量 s 的值为_____。

```
Private Sub Timer1_Timer()
    s＝0
    For i＝1 To 10
        s＝s＋i
    Next i
    Print s
End Sub
```

    A. 0   B. 55   C. 110   D. 以上都不对

8. 表示滚动条滑块当前位置所表示值的属性是_____。

    A. Value   B. Max   C. SmallChange   D. Min

9. 单击滚动条两端的滚动箭头,将触发_____事件。

    A. Change   B. KeyDown   C. KeyUp   D. Scroll

10. 下列关于通用对话框的描述错误的是_____。

    A. 在程序运行时,通用对话框控件是不可见的

    B. 在同一个程序中,通用对话框的 Action 属性设置为不同的值,则打开的通用对话框具有不同的作用

    C. 在同一个程序中,用不同的 Show 方法(如 ShowOpen 或 ShowSave),则打开的通用对话框具有不同的作用

    D. 使用通用对话框的 ShowOpen 方法,可以直接打开在该通用对话框中指定的文件

11. 当一个工程包含有多个窗体时,其中的启动窗体是_____。

    A. 第一个添加的窗体   B. 最后一个添加的窗体

    C. 在"工程属性"窗口中指定的窗体   D. 启动 Visual Basic 时建立的窗体

12. 下列选项中,关于 MDI 窗体说法错误的是_____。

    A. 最小化一个 MDI 子窗体时,它的图标将显示在任务栏上

    B. MDI 子窗体的菜单将显示在 MDI 窗体的菜单栏中

    C. 一个 MDI 窗体可以包含多个子窗体

    D. 在 MDI 子窗体上放置控件和在标准窗体上放置控件是一样的

13. 当用户按下并且释放一个键后,会触发 KeyPress、KeyUp 和 KeyDown 事件,这三个事件发生的顺序是_____。

    A. KeyPress、KeyDown、KeyUp   B. KeyDown、KeyUp、KeyPress

    C. KeyDown、KeyPress、KeyUp   D. KeyPress、KeyUp、KeyDown

二、填空题

1. 复选框的_____设置为 2——Grayed 时,变成灰色,禁止用户选择。

2. 滚动条响应的重要事件有____和 Change。

3. 将命令按钮 Command1 的标题赋值给文本框控件 Text1 的 Text 属性,应使用的语句是____。

4. 在显示"字体"对话框之前必须设置____属性,否则将发生不存在字体的错误。

5. 在 Visual Basic 中,除了可以指定窗体作为启动对象之外,还可以指定____作为启动对象。

6. 将一个普通窗体的____属性设置为 True,可以将该窗体设置为 MDI 子窗体。

7. 当用户单击鼠标右键时,MouseDown、MouseUp 和 MouseMove 事件过程中的 Button 参数值为____。

三、编程题

1. 设计一个应用程序,利用选项按钮来控制文本框中的字体,利用 4 个复选框来控制文本框中的字形、字号和颜色。运行界面如图 7-32 所示。

图 7-32　运行界面

2. 设计一个文本滚动的应用程序,要求文本自左向右滚动,当单击"开始",文本开始移动,按钮变成"暂停";当单击"暂停",文本停止移动,按钮变成"开始"。运行界面如图 7-33 所示。

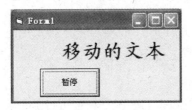

图 7-33　运行界面

3. 设计一个应用程序,运行界面如图 7-34 所示。当选择组合框中的"小写转换成大写"选项后,Text2 的值取 Text1 的值转换成大写的结果,当选择组合框中的"大写转换成小写",Text2 的值取 Text1 的值转换成小写的结果。

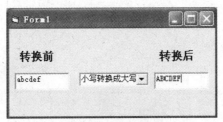

图 7-34　运行界面

第八章

菜单设计

我们接触过的各类软件几乎都具有菜单操作功能。菜单是用户和软件交互的接口,用户通过菜单可以选择应用软件的各种功能。设计良好的菜单可以提高软件质量,为用户带来便利。前面的章节中我们已经学习了 Visual Basic 的界面设计和代码编写技术,本章介绍 Visual Basic 中的菜单设计技术。

8.1　菜单简介

Windows 系统中的菜单分为下拉式菜单和弹出式菜单两种类型。

在下拉式菜单系统中,菜单栏一般包含一个或多个菜单标题,单击一个菜单标题,其包含的菜单项目列表将下拉出来,如图 8-1 所示。有些菜单项在被单击时,会直接执行某个动作(如图 8-1 中的"退出"将关闭窗口);有些菜单后带省略符"…",单击时会显示一个对话框;有些菜单后带三角箭头,单击时又会拉出下一级菜单,逐级下拉,Visual Basic 中最多可拉 5 层。

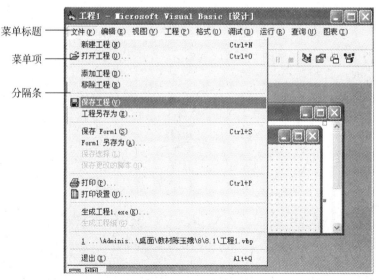

图 8-1　下拉式菜单

弹出式菜单是独立于菜单栏的浮动式菜单,可以快速展示当前对象可用的命令功能,也称为快捷菜单,如图 8-2 所示。弹出式菜单显示的菜单项取决于鼠标右键按下时的位置,因此又称为上下文菜单。

在 Visual Basic 中,菜单也是一个控件对象,与其他对象一样,具有定义其外观与行为的属性。如,在设计或运行时可以设置 Caption、Enabled、Visible、Checked 等属性。菜单控件只包含一个 Click 事件,当用户通过鼠标或键盘选中某菜单控件时触发其 Click 事件。

图 8-2　弹出式菜单

不管是下拉式菜单还是弹出式菜单,在 Visual Basic 中都是通过菜单编辑器设计的。下拉式菜单是由一个主菜单和若干个下拉显示的子菜单组成,程序运行时自动出现;弹出式菜单,一般是用户在某对象上单击右键弹出的一个子菜单,菜单标题设置为不可见,运行时使用 PopupMenu 方式显示。下面介绍菜单编辑器以及两种菜单的实例。

8.2　菜单编辑器

Visual Basic 程序设计中,利用菜单编辑器完成设置菜单操作。打开菜单编辑器的方式有以下几种:

(1) 执行"工具"菜单中的"菜单编辑器"命令。

(2) 在要建菜单的窗体上右键选择"菜单编辑器"命令。

(3) 选中窗体后使用快捷键"Ctrl＋E"打开"菜单编辑器"。

(4) 单击工具栏按钮可打开"菜单编辑器"。

菜单编辑器窗口主要分为三部分:菜单项属性区、编辑区和菜单项显示区。如图 8-3 所示。

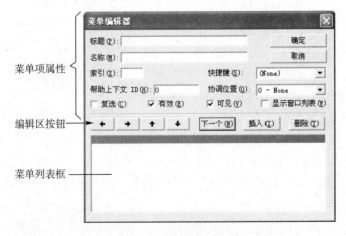

图 8-3　菜单编辑器窗口

1. 菜单项属性区

菜单项属性区用来输入或修改菜单项,并设置菜单项的属性。

(1)"标题"指菜单项的显示文本,即 Caption 属性。如果想定义访问键(也称热键),可以在"标题"中加入"& 字母",在运行时,字母下面会添加下划线显示,访问键只能迅速将光标定位到菜单项上,不能执行菜单项的代码。如输入"文件(&F)",则运行时可用"Alt+F"来选中此菜单项,此时"文件"菜单下的所有菜单项以下拉的形式显示出来。如果在标题中输入"-"号,可以在菜单中加入一条分割线。

(2)"名称"指菜单项的名称,即 Name 属性。每个菜单项都必须有一个名字,以便在代码窗口中引用。

(3)"索引"用来建立控件数组下标,相当于控件数组中的 Index 属性。

(4)"快捷键",直接执行相关菜单项的事件,设置时是在"快捷键"组合框中选择,不能输入。第一级菜单不能设置快捷键,但可以设置访问键,用来打开相应菜单。

(5)"帮助上下文 ID"用来设置一个帮助标识,根据该标识可以在帮助文件中查找合适的帮助主题。

(6)"协调位置"用来设置菜单是否出现或怎样出现,一般设置为 0。

(7)"复选"用来设置菜单项是否可选,相当于 Checked 属性,取值为 True 时,则菜单项前会添加"√"标记,表明该菜单项处于选中状态。

(8)"有效"用来设置菜单项是否可执行,相当于 Enabled 属性,取值为 False 时,菜单项变灰色,不响应用户事件。

(9)"可见"用来设置菜单项是否可见,相当于 Visible 属性,设置为 False 时,该菜单项在菜单中不显示。

(10)"显示窗口列表"用来设置在 MDI 应用程序中,菜单控件是否包含一个打开的 MDI 子窗体列表。

2. 编辑区

编辑区共有 7 个按钮,用来对输入的菜单项进行简单的编辑。

(1)左、右箭头:用来产生或删除内缩符号。单击一次右箭头产生 4 个点,称为内缩符号,用来确定菜单的层次。

(2)上、下箭头:用来移动菜单项的上下位置。当条形光标移动到某一菜单项上时,单击上箭头使该菜单项上移,单击下箭头使该菜单项下移。

(3)下一个:进入下一个菜单项的设计。

(4)插入:在当前菜单项之前插入一个空白菜单项。

(5)删除:删除光标所在处的菜单项。

3. 菜单项显示区

输入的菜单项在菜单列表框中显示,其中内缩符号表明菜单项的层次。

设计完成后单击"确定"按钮,创建的菜单就会显示在窗体上。

8.3 下拉式菜单

我们通过一个例子来说明如何利用菜单编辑器制作下拉式菜单。

例8.1 设计程序，通过菜单控制文本框中文本的字体格式和颜色等。程序运行界面如图8-4所示。

步骤：

（1）添加控件。在窗体上添加一个文本框控件，将文本框的MultiLine属性设置为True，以使文本框可以显示多行文本。将FontSize属性设置为15，以使文本框字体以15号字显示。

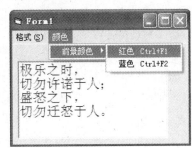

图8-4 下拉式菜单程序运行界面

（2）设计菜单。打开"菜单编辑器"对话框，参照表8-1对每一个菜单项输入标题、名称并选择相应的快捷键。当所有输入工作完成后，菜单设计器窗口如图8-5所示。

表8-1 各菜单项属性

标题	名称	快捷键	标题	名称	快捷键
格式(&S)	mFormat		颜色	mColor	
....加粗	mBold	Ctrl+B	....前景颜色	mFColor	
.... —	FGT		........红色	mRed	Ctrl+F1
....下划线	mUnder	Ctrl+U	........蓝色	mBlue	Ctrl+F2

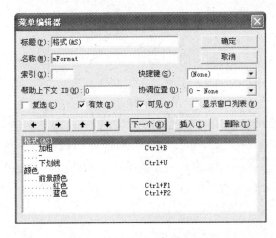

图8-5 下拉式菜单设计界面

（3）为事件过程编写代码。在菜单建立之后，还需要编写相应的事件过程。每个菜单项都可以接受Click事件，程序运行时单击菜单项会执行对应的Click事件。

对应"格式"菜单下的"加粗"菜单项的事件过程如下：

```
Private Sub mBold_Click()
    If mBold.Checked＝False Then
```

```
        mBold. Checked＝True
        Text1. FontBold＝True
    Else
        mBold. Checked＝False
        Text1. FontBold＝False
    End If
End Sub
```

对应"格式"菜单下的"下划线"菜单项的事件过程如下：

```
Private Sub mUnder_Click()
    If mUnder. Checked＝False Then
        mUnder. Checked＝True
        Text1. FontUnderline＝True
    Else
        mUnder. Checked＝False
        Text1. FontUnderline＝False
    End If
End Sub
```

这两个事件过程可以完成文本框字体的加粗和添加下划线的设置。

对应"颜色"菜单下的"前景颜色"菜单项又包含自己的子菜单项"红色"和"蓝色"，相应的事件过程如下：

```
Private Sub mRed_Click()
    Text1. ForeColor＝RGB(255，0，0)
End Sub
Private Sub mBlue_Click()
    Text1. ForeColor＝RGB(0，0，255)
End Sub
```

这两个事件过程可以完成对文本框字体颜色的设置。

该例中"加粗"菜单项，被选中时菜单项的前面加了一个"√"，通过该标记，用户可以明确地知道菜单项的状态是"On"还是"Off"。菜单标记可以通过菜单编辑器窗口中的"复选"属性设置，也可以在编程时通过 Checked 属性设置，该属性为 True 时，菜单项前就有"√"标记。

8.4　弹　出　式　菜　单

弹出式菜单的设计类似于下拉式菜单，也使用菜单编辑器进行设计。不同的是，在菜单编辑器中不选中"可见"复选框，即将弹出式菜单的主菜单的 Visible 属性设置为 False，这样在程序启动运行后就看不到我们设计的菜单了，只有当单击鼠标右键时才弹出菜单。

在程序中使用 PopupMenu 方法打开指定的菜单。该方法的使用形式是：

[对象.]PopupMenu 菜单名[，标志，X，Y]

其中，菜单名是必需的，其他是可选参数。对象省略时指窗体；X，Y 参数指定弹出菜单显示的位置；标志，进一步定义弹出式菜单的位置和性能。

例 8.2　建立弹出式菜单，调用记事本、画图、游戏等外部程序。程序运行界面如图 8-6 所示。

步骤：

（1）新建窗体，打开菜单编辑器，各菜单项设置如表 8-2 所示。

图 8-6　弹出式菜单程序运行界面

表 8-2　各菜单项属性

标　题	名称	"可见"复选框
附件	addition	不选中
....记事本	note	选中
....画图	paint	选中
....游戏	game	选中
........扫雷	mine	选中
........扑克	poke	选中

（2）编写程序代码。

编写窗体的 MouseDown 事件过程如下：

```
Private Sub Form_MouseDown(Button As Integer, Shift As Integer, X As Single, _
    Y As Single)
    If Button=2 Then
        PopupMenu addition
    End If
End Sub
```

上述代码中 Button=2 表示单击鼠标右键，addition 是弹出式菜单的菜单名，其在设计状态设置为不可见（如表 8-2 中所示），在单击鼠标右键时用 PopupMenu 方法将其显示出来。

单击记事本、画图、扑克和扫雷菜单项时，分别执行如下代码：

```
Private Sub note_Click()
    Shell ("c:\windows\notepad.exe"), vbNormalFocus
End Sub
Private Sub paint_Click()
    Shell ("c:\windows\system32\mspaint.exe"), vbNormalFocus
End Sub
Private Sub poke_Click()
    Shell ("c:\windows\system32\sol.exe"), vbNormalFocus
```

End Sub

Private Sub mine_Click()

    Shell ("c:\windows\system32\winmine.exe"), vbNormalFocus

End Sub

注意：

代码中用到的应用程序路径都是以笔者所用计算机为例的,读者应根据各软件所在的实际安装路径进行设定。

习 题 八

一. 选择题

1. 菜单编辑器中,用来设置在菜单栏上显示的文本的选项是_____。

    A. 标题   B. 名称   C. 索引   D. 访问键

2. 菜单编辑器中,控制菜单项可见或不可见的选项是_____。

    A. Hide   B. Checked   C. Visible   D. Enabled

3. 在用菜单设计器设计菜单时,必须输入的项是_____。

    A. 快捷键   B. 标题   C. 索引   D. 名称

4. 菜单控件只有一个事件是_____。

    A. MouseUp   B. Click   C. DBClick   D. KeyPress

5. 下列说法中正确的是_____。

    A. 访问键和快捷键的建立方法一样

    B. 访问键和快捷键的使用方法一样

    C. 访问键和快捷键均是菜单项提供的一种键盘访问方法

    D. 一个菜单项不可能同时拥有访问键和快捷键

6. 下列说法中不正确的是_____。

    A. 顶层菜单不允许设置快捷键

    B. 要使菜单项中的文字具有下划线,可在标题文字前加 & 符号

    C. 语句 mEdit.Enable＝False 将使菜单项 mEdit 失效

    D. 若希望在菜单中显示"&"符号,则在标题栏中输入"&"符号

7. 下列说法中不正确的是_____。

    A. 每个菜单都是一个控件,与其他控件一样也有自己的属性和事件

    B. 除了 Click 事件之外,菜单项还能响应其他事件,如 DblClick 等

    C. 菜单项的快捷键不能任意设置,只能从列表中选择

    D. 在程序执行时,如果菜单项的 Enabled 属性为 False,则菜单项变成灰色,不能选择

8. 弹出式菜单一般在单击右键时显示,下列哪一条语句说明按下的是鼠标右键_____。

    A. Button＝2   B. Button＝1   C. Shift＝1   D. Shift＝2

二、填空题

1. Visual Basic 中菜单可分为_____和_____。

2. 菜单编辑器的"名称"选项对应于菜单控件的_____属性。

3. 如要在菜单中设计分割线,则应将菜单项的标题设置为_____。

4. 要想显示一个弹出式菜单,应使用_____方法。

5. 菜单中的热键可通过在字母前插入_____符号实现。

6. 可通过快捷键_____打开菜单编辑器。

7. 如果把菜单项的_____属性设置为 True,则该菜单项成为一个选项。

8. 设计弹出式菜单时要将顶级菜单的_____属性设置为 False,然后在程序中使用 PopupMenu 方法显示。

第九章

数据文件

应用程序所处理的数据如果仅存储在变量、数组或控件中，数据将不能长期保存。因为退出应用程序时，变量和数组会释放所占有的存储空间。因此，必须使用数据文件和数据库来解决数据的长久保存问题。Visual Basic 6.0 提供了强大的文件访问与处理功能。本章主要介绍文件结构与分类，顺序文件、随机文件、二进制文件的读写操作。

9.1　文　件　概　述

文件是指存储在外部物理介质上的数据的集合。计算机操作系统是以文件为单位对数据进行管理的。不同的文件用不同的文件名来标识，计算机通过文件名到存储介质上找到指定的文件，然后完成对文件的读、写操作。利用文件存储大批量的数据，在应用程序中对文件中的数据的读出和写入都比较方便。

9.1.1　文件的结构

为了有效地存取数据，数据必须以某种特定的方式存放，这种方式称为文件的结构。Visual Basic 文件由字符、字段和记录构成。

1. 字符（Character）

字符是构成文件的最基本单位。数字、字母、符号或汉字都可以看成一个字符。

2. 字段（Field）

字段称为域，是指由某种数据类型及若干字符组成的一项数据。例如：某个学生的学号

"201103225"、姓名"郭峰"、性别"男"等都是字段。

3. 记录(Record)

记录是由若干个字段组成,用来表示一组相关的数据信息。例如:一个学生的基本信息可以视为一条记录,包括多个字段,学号、姓名、性别、出生年月、院系名称见表9-1。

表 9-1　记录

学号	姓名	性别	出生年月	院系名称
201103225	郭峰	男	1991.5.18	临床医学系
201104226	张晓丽	女	1990.3.26	卫生管理系
201105052	王伟业	男	1991.2.12	护理系
201106215	谢苗苗	女	1990.12.5	影像系

4. 文件(File)

文件是由若干条记录组成,是记录的集合。例如:一个班的每个学生的信息是一条记录,所有的学生信息就组成了一个学生信息文件。

9.1.2　文件的分类

在计算机系统中,文件种类繁多,处理方法和用途也各不相同。根据不同的分类标准文件可分为不同的类型。

1. 根据数据性质分类

根据数据性质的不同,文件可分为数据文件和程序文件。

数据文件中存放着程序运行所需要的各种数据。例如:文本文件(.txt)、Excel 工作簿(.xls)都是数据文件。它可以是提供程序处理的输入数据,也可以是程序输出的数据。

程序文件中存储的是计算机可以执行的程序代码,包括源文件和可执行文件等。例如,Visual Basic 中的窗体文件(.frm)、工程文件(.vbp)、C++源程序文件(.cpp)、可执行文件(.exe)都是程序文件。

2. 根据数据的编码方式分类

根据数据的编码方式的不同,文件可分为 ASCII 文件和二进制文件。

ASCII 文件又称为文本文件,存储的是各种数据的 ASCII 代码,可以用 Windows 中的字处理软件(记事本或写字板)建立或修改。

二进制文件存储的是各种数据的二进制代码,文件中的数据以字节为单位存取,不能用普通的字处理软件建立或修改,必须用专用软件打开。

3. 根据数据的访问模式分类

根据数据的访问模式分类,可以把文件分为顺序文件、随机文件和二进制文件。

（1）顺序文件。顺序文件的结构比较简单，其存储方式是顺序存储，即一个数据接着一个数据地顺序排列。在这种文件中，只知道第一个数据记录的存放位置，其他数据的位置无从知道。因此顺序文件读出和写入只能按从头至尾的顺序读写，当要查找某个数据时，必须从文件头开始，一个一个地读取到要找的记录位置。

顺序文件的优点是结构简单，访问模式简单，占空间少；缺点是必须按顺序访问，无法灵活的随意存取，适用于不经常修改的数据。

（2）随机文件。访问随机文件中的数据时不必考虑各个记录的排列顺序。可根据需要访问文件中的任何一个数据记录。随机文件中每条记录的长度均相同，每一个记录都有一个记录号。记录与记录之间不需要特殊的分隔符号，如图 9-1 所示。用户只要给出记录号，就可以直接访问某一特定的记录。在随机文件中可以快速进行读写操作，可以快速地查找和修改每一条记录。

图 9-1　随机文件存储形式

随机文件的优点是数据的存取较为灵活、方便、速度较快，容易修改；缺点是占空间较大，数据组织复杂。

（3）二进制文件。二进制文件是字节的集合，直接把二进制数码存放在文件中，以字节为单位存取任意位置的数据。二进制文件要求以字节为单位定位数据位置，在程序中可以按所需的任何方式组织和访问数据，可以直接访问各个字节数据。二进制文件和随机文件很类似，如果把二进制文件中的每一个字节看做是一条记录，则二进制文件就成了随机文件。

二进制文件的优点是灵活性很大；缺点是编程的工作量大，程序相对更复杂。

9.1.3　文件处理的一般步骤

文件的基本操作有：打开或新建文件、读/写文件、关闭文件。

一个文件必须先打开或新建后才能使用。如果一个文件已经存在，则打开文件；如果不存在，则建立文件。打开或建立文件后，就可以进行所需的输入/输出操作。例如，从数据文件中读出数据到内存，或者把内存中的数据写入到数据文件。为了记住当前读写的位置，文件内部设置了一个指针，当存取文件中数据时，文件指针随之移动。当文件操作结束后，一定要关闭文件，以防数据丢失。

1. 建立和打开文件

在 Visual Basic 中使用 Open 语句打开或建立一个文件，并指定一个文件号和文件的打开模式等。Open 语句格式如下：

Open ＜文件名＞ For 模式 As［＃］＜文件号＞［Len＝记录长度］

参数具体使用情况如下：

（1）文件名：指定要打开的文件。文件名还可包括路径。

（2）模式：用于指定文件访问的方式，若无指定，以 Random 方式打开文件。模式包括以下几种：

　　Append——在文件末尾追加

　　Binary——二进制文件

　　Input——顺序输入

　　Output——顺序输出

　　Random——随机存取方式

　　当使用 Input 模式时,文件必须已经存在,否则会产生一个错误。以 Output 模式打开一个不存在的文件时,则建立一个新文件,如果该文件已经存在,则删除文件中原有的数据从头开始写入数据。用 Append 模式打开文件或创建一个新的顺序文件后,文件指针位于文件的末尾。

　　(3) 文件号:对文件进行操作需要一个内存缓冲区(或称文件缓冲区),缓冲区有多个,文件号用来指定该文件使用的是哪一个缓冲区。在文件打开期间,使用文件号即可访问相应的内存缓冲区,以便对文件进行读/写操作。文件号是 1～511 范围内的整数。

　　(4) Len:用来指定每条记录的长度(字节数)。

　　例如：

　　Open ″D:\Cjl. txt″ For Output As ♯1

　　表示以 Output 模式打开 D 盘根目录下的 Cjl. txt 文件,文件号为 1。

2. 关闭文件

　　打开的文件使用结束后必须关闭。在 Visual Basic 中使用 Close 语句关闭文件,Close 语句格式如下：

　　Close [[♯]文件号 1[,[♯]文件号 2……]]

　　当 Close 语句没有参数时(即 Close),将关闭所有已打开的文件。

　　例如,执行语句

　　Close ♯1

　　将关闭文件号为 1 的文件。

　　除了用 Close 语句关闭文件外,在程序结束时将自动关闭所有打开的数据文件。

9.2　顺序文件

　　在顺序文件中,记录的逻辑顺序和存储顺序一致。对文件的读取操作只能从第一条记录开始一个一个进行。根据文件处理的一般步骤,对顺序文件进行读/写操作之前必须用 Open 语句先打开文件,读写操作后用 Close 语句关闭文件。

9.2.1　顺序文件的写操作

　　在 Visual Basic 中对顺序文件的写操作应以 Output 或 Append 模式打开文件,主要使用 Print ♯ 和 Write ♯ 语句实现。

1. Print ♯ 语句

格式:Print ♯ 文件号,[[Spc(n)|Tab(n)][表达式][;|,]]
功能:与 Print 语句类似,只不过将输出的数据写入文件中。

说明:

(1) ♯ 文件号表示某文件,其余各部分的功能同 Print 语句。

如:

Print ♯1,x,y,z　　　　'表示变量 x,y,z 的值以标准格式写入文件号为 1 的文件中。
Print ♯1,x;y;z　　　　'表示变量 x,y,z 的值以紧凑格式写入文件号为 1 的文件中。
Print ♯1,　　　　　　'表示将一个空行写入文件号为 1 的文件中。

(2) 实际上,Print ♯ 语句的任务只是将数据送到 Open 语句开辟的缓冲区,只有在缓冲区满、执行下一个 Print ♯ 语句或关闭文件时,才由文件系统将缓冲区数据写入磁盘文件。

例 9.1　用 Print ♯语句向顺序文件输出数据。

编写窗体的 Click 事件代码:

Private Sub Form_Click()
Open "d:\Visual Basic\out1. txt" For Output As ♯1
　　Print ♯1, 1;2;3;4;5　　　　　　　'用紧凑格式输出数值型数据
　　Print ♯1, "1";"2";"3";"4";"5"　　　'用紧凑格式输出字符型数据
　　Print ♯1, "计算机";"水平考试"　　　'用紧凑格式输出字符型数据
　　Print ♯1, "1","2", 123.45, 20, −86　　'用标准格式输出
　　Print ♯1,　　　　　　　　　　'输出一个空行
　　Print ♯1, "这是用";"Print ♯语句";　'输出列表最后有分号
　　Print ♯1, "输出的文件"　　　　　　'紧凑上一个 Print ♯语句输出
　　Close ♯1
End Sub

运行程序后,在窗体上单击后,打开文件"out1. txt",可以看到文件的内容及其格式如图 9-2 所示。

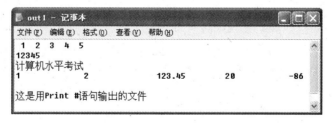

图 9-2　用 Print ♯语句写入文件的格式示例

2. Write ♯ 语句

格式:Write ♯ 文件号,[[Spc(n)|Tab(n)][表达式][;|,]]

功能：与 Print ♯语句类似。用 Write ♯ 语句写到文件中的数据以紧凑格式存放，各个数据之间用逗号作为分隔符，并且给字符串加双引号作为界定符，写入的正数前没有表示符号位的空格。

例 **9.2** 用 Write ♯语句向顺序文件输出数据。

编写窗体的 Click 事件代码：

```
Private Sub Form_Click()
    Open "d:\Visual Basic\out2.txt" For Output As ♯1
    Write ♯1, 1; 2; 3; 4; 5                    '用紧凑格式输出数值型数据
    Write ♯1, "1"; "2"; "3"; "4"; "5"          '用紧凑格式输出字符型数据
    Write ♯1, "计算机"; "水平考试"              '用紧凑格式输出字符型数据
    Write ♯1, "1", "2", 123.45, 20, -86        '用标准格式输出
    Write ♯1,                                   '输出一个空行
    Write ♯1, "这是用"; "Write ♯语句";          '输出列表最后有分号
    Write ♯1, "输出的文件"                      '紧凑上一个 Write ♯语句输出
    Close ♯1
End Sub
```

运行程序后，在窗体上单击后，打开文件 "out2.txt"，可以看到文件的内容及其格式如图 9-3 所示。

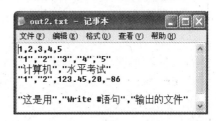

图 9-3 用 Write ♯语句写入文件的格式示例

9.2.2 顺序文件的读操作

顺序文件的读出操作是从顺序文件中读取数据送到计算机中。要进行读操作先要用 Input 模式打开文件，然后使用 Input ♯ 语句、Line Input ♯语句或 Input 函数实现顺序文件的读取。

1. Input ♯ 语句

格式：Input ♯ 文件号，变量列表

功能：从指定的文件中读出一条记录。其中变量个数和类型应该与要读取的记录所存储的数据一致。Input ♯ 语句用来读出用 Write ♯ 写入的记录内容。

例 **9.3** 将斐波那契(Fibonacci)数列的前 10 项写入文件 FB.dat，然后从文件将数据读出来并计算合计和平均值，最后添加到列表框 List1 中。文件数据格式如图 9-4 所示。

事件代码编写如下：

```
Private Sub Command1_Click()
    Dim fib%(1 To 10), i%
    Open "d:\visual basic\fb.dat" For Output As ♯1
    For i=1 To 10
```

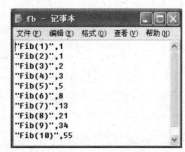

图 9-4 文件数据格式

```
        If i＝1 Or i＝2 Then
            fib(i)＝1
        Else
            fib(i)＝fib(i－1)＋fib(i－2)
        End If
        Print ♯1,"""Fib(" & i & ")"",", & fib(i)
    Next i
    Close ♯1
    f＝Shell("NOTEPAD.exe"+" d:\visual basic\fb.dat",vbNormalNoFocus)
End Sub
Private Sub Command2_Click()
    Dim st$,n%,sum%
    Open "d:\visual basic\fb.dat" For Input As ♯1
    Do While Not EOF(1)
        Input ♯1,st,n
        sum＝sum+n
        List1.AddItem st & "=" & n
    Loop
    Close ♯1
    List1.AddItem "合计:" & sum
    List1.AddItem "平均:" & sum/10
End Sub
```

运行效果如图 9-5 所示。

图 9-5　例 9.3 运行效果图

2. Line Input ♯ 语句

格式:Line Input ♯ 文件号,字符串变量

功能:将顺序文件当做纯文本文件处理时,可以使用 Line Input ♯ 语句从文件中读出一行数据,并将读出的数据赋给指定的字符串变量。读出的数据不包含回车符及换行符。

例 9.4　编写一程序,程序的运行界面如图 9-6 所示,要求从左边的文本框输入信息,单击"写顺序文件"按钮,则会把左边文本框中的内容写入到"d:\Visual Basic\out.txt"文件中去,若单击"读顺序文件"按钮,则会把"d:\Visual Basic\out.txt"文件中的内容读入到右边的文本框中。

图 9-6　例 9.4 运行效果图

分析:文本框的内容可以看做一个变量中的内容,一次性地写入到顺序文件中去。但文件中的内容要一行一行地写入到文本框中去。

程序代码如下:

```
Private Sub Command1_Click()
    Open "d:\Visual Basic\out.txt" For Output As ♯1          '打开输出文件
```

```
        Print #1, Text1. Text            ' 把 Text1. Text 的内容写入到文件中去
        Close #1
        Command2. Enabled＝True
        Command1. Enabled＝False
End Sub
Private Sub Command2_Click()
        Text2. Text＝""
        Open "d:\Visual Basic\out. txt" For Input As #1
        ' 把文件中的内容一行一行地写入到 Text2 中去
        Do While Not EOF(1)
            Line Input #1, mydata
            Text2. Text＝Text1. Text＋mydada＋vbCrLf
        Loop
        Close #1
End Sub
Private Sub Text1_Change()
        Command1. Enabled＝True
        Command2. Enabled＝False
End Sub
```

3．Input 函数

格式：Input(n,[#]文件号)

功能：从顺序文件中读取 n 个字符的字符串。

例如，A＝Input(20,#1)表示从文件号为 1 的顺序文件中读取 20 个字符。

上面介绍了顺序文件的存取操作。顺序文件的缺点是：不能快速地存取所需的数据，也不容易进行数据的插入、删除和修改等操作，因此若要经常修改数据或取出文件中的个别数据均不适用。

例 9.5　文件"ini. txt"中存放了 20 个整数，要求程序运行后，单击"读数并计算"按钮，则读取数据显示在列表框 List1 中，同时在 Text1 中显示这些整数的平均数，在 Text2 中显示大于平均数的个数，单击"保存"按钮将 Text2 的值存入"jieguo. dat"中。

设计界面如图 9-7 所示。

图 9-7　例 9.5 运行效果图

分析：

本工程包含窗体文件 Form1 和标准模块 Module1。读数据文件"ini. txt"中的数据使用 Getdata 过程，结果存入"jieguo. dat"文件中使用 Putdata 过程。Getdata 过程和 Putdata 过程存在标准模块 Module1 中。

窗体代码如下：

Private Sub Command1_Click()

```
        getdata
        For i=1 To 20
            List1. AddItem A(i)
            Sum=Sum+A(i)
        Next i
        ave=Sum/20
        For i=1 To 20
            If A(i)>ave Then s=s+1
        Next i
        Text1=ave
        Text2=s
End Sub
Private Sub Command2_Click()
        Call putdata("jieguo. dat", Text2)
End Sub
```

标准模块代码如下：

```
Option Explicit
Public A(50) As Integer
Public N As Integer
Sub putdata(t_FileName As String, t_Str As Variant)
        Dim sFile As String
        sFile="\" & t_FileName
        Open App. Path & sFile For Append As #1
        Print #1, t_Str
        Close #1
End Sub
Sub getdata()                        '读文件函数
        Dim i As Integer
        Open App. Path & "\ini. txt" For Input As #1
        i=1
        Do While Not EOF(1)
            Input #1, A(i)
            i=i+1
        Loop
        N=i-1
        Close #1
End Sub
```

9.2.3　顺序文件的应用

掌握了顺序文件的读操作和写操作,就可以方便地对顺序文件进行各种操作应用,如修改、复制和删除等,下面介绍如何对顺序文件进行修改。

例 9.6　顺序文件"d:\Visual Basic\filedata. dat"中存放了若干行学生信息,每个学生有学号、姓名、院系名称信息,现需要在各个学生信息行中增加一条联系电话信息。

程序界面如图 9-8 所示,分别单击按钮生成原文件和执行修改。

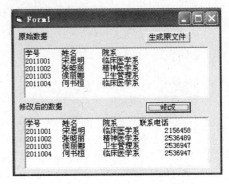

图 9-8　例 9.6 运行效果图

程序代码如下:

```
Option Explicit
Private Sub Command1_Click()
    Dim id As String * 10, name As String * 8, dep As String * 12
    Open "d:\Visual Basic\filedata. dat" For Output As #1
    id=InputBox("请输入学生学号:")
    Do While id <> 0
        name=InputBox("请输入学生姓名:")
        dep=InputBox("请输入学生院系:")
        Write #1, id, name, dep
        id=InputBox("请输入学生学号:")
    Loop
    Close 1
    Open "d:\Visual Basic\filedata. dat" For Input As #1
    Text1. Text="学号　姓名　院系" & vbCrLf
    Do While Not EOF(1)
        Input #1, id, name, dep
        Text1. Text=Text1. Text+id & name & dep & vbCrLf
    Loop
    Close 1
End Sub
Private Sub Command2_Click()
    Dim id As String * 10, name As String * 8, dep As String * 12, tel As String * 12
    Open "d:\Visual Basic\filedata. dat" For Input As #1
    Open "d:\Visual Basic\filedata1. dat" For Output As #2
    Text2. Text="学号　姓名　院系　联系电话" & Chr(13) & Chr(10)
    Do While Not EOF(1)
```

```
        Input #1，id，name，dep
        tel＝InputBox("请输入" & name & "的联系电话")
        Write #2，id，name，dep，tel
    Loop
    Close 1，2
    Kill "d:\Visual Basic\filedata.dat"        '删除原文件 filedata
    Name "d:\Visual Basic\filedata1.dat" As "d:\Visual Basic\filedata.dat"
                                        '将中间文件改名为"filedata.dat"
    Open "d:\Visual Basic\filedata.dat" For Input As #1
    Do While Not EOF(1)
        Input #1，id，name，dep，tel
        Text2.Text＝Text2.Text＋id & name & dep & tel & Chr(13) & Chr(10)
    Loop
    Close 1
End Sub
```

在修改顺序文件时,分两步进行:第一步把原始文件中的数据读出来,对数据进行修改,将修改过的数据用中间文件暂存起来;第二步删除原文件,将中间文件改为原文件的名字,最终还原成只剩原文件的状态。

顺序文件的复制较为简单,只需读出原始文件的数据,直接写入目标文件中即可。

顺序文件中数据的删除和修改类似,将数据读出后,不需要的数据就不再放入中间文件,这里就不再引用例子说明了。

9.3 随 机 文 件

在许多应用程序中往往要求能够直接快速地访问文件中的数据,因此需要使用随机文件来实现。随机文件是以固定长度的记录为单位进行存取,每条记录都有一个记录号,通过记录号就能读到指定记录。随机文件使用 Random 模式打开文件,打开后的随机文件既可以进行读操作也可以进行写操作。随机文件的打开和关闭由 Open 和 Close 语句来实现。打开随机文件必须指定记录长度,默认值为128,格式为:

Open ＜文件名＞ ［for random］As ＜文件号＞ Len＝＜记录长度＞

9.3.1 定义记录类型

在打开一个文件进行随机访问之前,首先要定义一个记录类型,该类型对应该文件包含或将包含的记录。

例如:一个学生记录文件可以被定义为 Student,用户定义的数据类型如下:

Type Student

  No As string * 8

```
    Name As string * 15
    Mark As Integer
End Type
```

由于随机访问文件中所有记录长度必须相同,所以上面用户自定义类型中的各字符串通常为固定长度。

如果实际字符串包含的字符数比它写入的字符串固定长度短,则 Visual Basic 会用空白来填充记录后面的空间;如果字符串比字段固定长度长,则它就会被截断。

9.3.2　随机文件的读写操作

1.随机文件的读操作

随机文件的读取用 Get 语句将文件内容读出并赋给变量。Get 语句的语法格式如下:

格式:Get ♯ 文件号,[记录号],变量名

其中,记录号是大于 1 的整数,如果忽略记录号,则表示读出当前记录后的那条记录。该语句是将随机文件的一条由记录号指定的记录内容读入记录变量中。

2.随机文件的写操作

把变量内容写入到随机文件中用 Put 语句,Put 语句的语法格式如下:

格式:Put ♯ 文件号,[记录号],变量名

将一个记录变量的内容写入所打开的磁盘文件中指定的记录位置处。如果忽略记录号,则表示在当前记录后插入一条记录。

9.3.3　应用举例

例 9.7　以随机存取方式创建职工档案数据库文件,实现功能:

(1) 单击"新增"按钮,将输入的数据追加到数据文件中;

(2) 可以按姓名查询;

(3) 可以删除记录;

(4) 所有信息都从文件中读出,修改信息必须写入文件。

数据文件如图 9-9 所示,界面设计如图 9-10 所示。

图 9-9　数据文件格式

图 9-10　例 9.7 运行界面

在标准模块中定义记录的类型：

```
Type memberinfo
    ID As String * 3
    name As String * 10
    dep As String * 10
End Type
```

在窗体模块中设置各个按钮的 Click 事件：

```
Option Explicit
Dim currentID As Integer        '当前记录号
Dim recordnum As Integer        '文件中的总记录数
Dim member As memberinfo        '记录型变量
```

"新增"按钮代码：

```
Private Sub Command2_Click()
    With member
        . ID＝Text1. Text
        . name＝Text2. Text
        . dep＝Text3. Text
    End With
    recordnum＝recordnum＋1
    Put ♯1, recordnum, member
    currentID＝recordnum
    Text1. Text＝""
    Text2. Text＝""
    Text3. Text＝""
    Text1. SetFocus
End Sub
```

"删除"按钮代码：

```
Private Sub Command3_Click()
    Dim k As Integer
    If MsgBox("确定要删除吗?", vbYesNo)＝vbYes Then
        k＝currentID
        For currentID＝k To recordnum
            Get ♯1, currentID＋1, member
            Put ♯1, currentID, member
        Next currentID
        recordnum＝recordnum－1
    End If
    If k ＜＝recordnum Then currentID＝k Else currentID＝recordnum
```

```
        If currentID <> 0 Then
            Get #1, currentID, member
            With member
                Text1. Text=. ID
                Text2. Text=. name
                Text3. Text=. dep
            End With
        Else
            Text1. Text=""
            Text2. Text=""
            Text3. Text=""
        End If
End Sub
```

"按姓名查询"按钮代码：

```
Private Sub Command4_Click()
    Dim strname As String * 10, i As Integer
    strname=InputBox("请输入要查询的姓名")
    For i=1 To recordnum
        Get #1, i, member
        If member. name=strname Then Exit For
    Next i
    If i <=recordnum Then
        currentID=i
        With member
            Text1. Text=. ID
            Text2. Text=. name
            Text3. Text=. dep
        End With
    Else
        MsgBox "不存在该记录!"
    End If
End Sub
Private Sub Form_Activate()
    Open "d:\user\file. dat" For Random As #1 Len=Len(member)
    recordnum=LOF(1)/Len(member)
End Sub
Private Sub Form_Unload(Cancel As Integer)
    Close 1
End Sub
```

9.4　二进制文件

二进制文件也可当做随机文件来处理。如果把二进制文件中的每一个字节看做是一条记录，则二进制文件就成了随机文件。二进制文件的存取方式与随机文件类似，读写语句也是 Get 和 Put。区别在于二进制文件的存取单位是字节，而随机文件的存取单位是记录。与随机文件一样，二进制文件一旦打开就可以同时进行读与写。

例 9.8　编写一个复制文件的程序，将文件"D:\VB\copy. dat"复制为"D:\VB\copy. bak"。

```
Private Sub Form_Click()
    Dim char As Byte
    Open "D:\VB\copy. dat" For Binary As #1        '打开源文件
    Open "D:\VB\copy. bak" For Binary As #2        '打开目标文件
    Do While Not EOF(1)
        Get #1, char                               '从源文件读出一个字节
        Put #2, char                               '将一个字节写入目标文件
    Loop
    Close
End Sub
```

9.5　常用函数

1. EOF 函数

格式：EOF(＜文件号＞)

功能：EOF 函数用于测试指定文件的结束状态，通常用来检查以 Input 方式打开的顺序文件。

当文件中的记录指针指向文件末尾时（最后一条记录的后面），EOF 函数返回 True，否则返回 False。如果在文件末尾执行输入操作，Visual Basic 将给出错误的信息"输入超出文件尾"，使用 EOF 可以避免这种错误的发生。

2. LOF 函数

格式：LOF(＜文件号＞)

功能：LOF 函数返回用 Open 语句打开的文件的大小（以字节为单位）。

3. FreeFile 函数

格式：FreeFile

功能：返回一个系统中未使用过的文件号，可以避免在程序中出现文件号的冲突。

4．Loc 函数

格式：Loc（＜文件号＞）

功能：返回由文件号指定的文件的最近一次的读写位置。对于随机文件，Loc 函数返回上一次读或写的记录号；对于顺序文件，Loc 函数返回自文件打开以来读或写的记录个数。

5．Seek 函数

格式：Seek（＜文件号＞）

功能：返回由文件号指定的文件的当前读写位置。Loc 返回最近一次读写的位置，因此，Seek 函数的返回值为 Loc 函数返回值＋1。

6．Shell 函数

格式：Shell（pathname［，windowstyle］）

功能：打开一个可执行文件，同时返回一个 Variant（Double），如果成功，则返回代表这个程序的任务 ID；若不成功，则会返回 0。

参数 pathname 为所要执行的应用程序的名称、路径以及必要的参数；windowstyle 表示在程序运行时窗口的样式，如果 windowstyle 被省略，则程序以具有焦点的最小化窗口来执行。

下面的示例通过 Shell 函数来调用 Windows XP 下的计算器应用程序。

新建窗体，在窗体事件添加代码。

```
Option Explicit
Private Sub Form_Load()
        Dim str1 As String              '定义一个字符串变量，用于存储程序的执行情况
        Form1. Hide                      '隐藏窗体
        '调用 C:\windows\calc. exe 程序
        '将参数 windowstyle 设置为 1，可让该程序以正常大小的窗口完成并且拥有焦点
        str1＝Shell("c:\windows\system32\calc. exe", 1)
End Sub
```

图 9-11　Shell 函数示例

习 题 九

一、选择题

1. 在 Visual Basic 中按文件的访问方式不同,可以将文件分为_____。
   A. 顺序文件、随机文件和二进制文件　　B. 文本文件和数据文件
   C. 数据文件和可执行文件　　　　　　　D. ASCII 文件和二进制文件

2. 在顺序文件中_____。
   A. 每条记录的记录号按从小到大排列
   B. 每条记录的长度按从小到大排列
   C. 按记录的某个关键数据项的排列顺序组织文件
   D. 记录按写入的先后顺序存放,并按写入的先后顺序读出

3. 执行语句 Open "c:\StuData.dat" For Input As ♯2 后,系统_____。
   A. 将 C 盘当前文件下建立名为"StuData.dat"的文件的内容读入内存
   B. 在 C 盘当前文件夹下建立名为"StuData.dat"的顺序文件
   C. 将内存数据存放在 C 盘当前文件夹下名为"StuData.dat"的文件中
   D. 将某个磁盘文件的内容写入 C 盘当前文件夹下名为"StuData.dat"的文件中

4. 如果在 C 盘当前文件夹下已存在名为"StuData.dat"的顺序文件,那么执行语句 Open "c:\StuData.dat" For Append As ♯1 之后将_____。
   A. 删除文件中原有的内容
   B. 保留文件中原有的内容,在文件尾添加新内容
   C. 保留文件中原有的内容,在文件头开始添加新内容
   D. 以上均不对

5. 随机文件使用_____语句写数据,使用_____语句读数据。
   A. Put　　　　B. Write　　　　C. Input ♯　　　　D. Get

6. Open 语句中的 For 子句省略,则隐含存取方式是_____。
   A. Random　　　B. Binary　　　C. Input　　　　D. Output

7. 确定文件是顺序文件还是随机文件,应在 Open 语句中使用_____子句。
   A. For　　　　B. Access　　　C. As　　　　D. Len

8. 向顺序文件(文件号为 1)写入数据正确的语句是_____。
   A. Print 1,a;",";y　　　　　　B. Print ♯1,a;",";y
   C. Print x;y　　　　　　　　　D. Print x,y

9. 设已打开 5 个文件,文件号为 1,2,3,4,5。要关闭所有文件,正确的是_____。
   A. Close ♯1,2,3,4,5　　　　　B. Close ♯1,♯2,♯3,♯4,♯5
   C. Close ♯1—♯5　　　　　　　D. Close

10. 获得打开文件的长度(字节数)应使用_____函数。
    A. Lof　　　　B. Len　　　　C. Loc　　　　D. FileLen

二、简答题

1. 什么是文件? ASCII 文件与二进制文件有什么区别?

2. 根据文件的访问模式,文件可分为哪几种类型?

3. Print ♯ 和 Write ♯ 语句的区别？各有什么用途？

4. 试说明 EOF 函数的功能？

5. 随机文件和二进制文件的读写操作有何不同？

6. 为什么有时不使用 Close 语句关闭文件会导致文件数据的丢失？

三、编程题

1. 在 C 盘当前文件夹下建立一个名为"StuData. txt"的顺序文件。要求用 InputBox 函数输入 5 名学生的学号(StuName)和英语成绩(StuEng)。

2. 在 C 盘当前文件夹下建立一个名为"Data. txt"的顺序文件。要求用文本框输入若干英文单词，每次按下回车键时写入一条记录，并清除文本框的内容，直至在文本框 Text1 中输入 End 时为止。

第十章

图形操作

在应用程序中添加图形可以使用户界面更加美观更加友好。Visual Basic 提供了丰富的图形功能,通过图形控件和图形方法,可以快速地完成各种图形的绘制和文字输出等操作。

本章主要介绍图形操作基础知识、绘图属性、绘图控件和绘图方法。

10.1　坐标系统

在 Visual Basic 中,控件放置在窗体或图片框等对象中,而窗体又放置在屏幕中。这些能放置其他对象的对象称为容器。容器内的对象只能在容器界定的范围内变动,当移动容器时,容器内的对象也随着一起移动,而且与容器的相对位置不变。对象在容器中的定位需要用到坐标系。

每个容器都有一个坐标系。坐标系由坐标原点、坐标度量单位和坐标轴的长度和方向构成。坐标度量单位由容器对象的 ScaleMode 属性决定。ScaleMode 属性的默认单位为 Twip,还可以使用磅、像素、厘米等单位。

表 10-1　ScaleMode 属性值及其说明

设置值	说　明
0—User	用户定义
1—Twip	默认
2—Point	点(一英寸约为 72 点)
3—Pixel	像素
4—Character	字符
5—Inch	英寸
6—Millimeter	毫米
7—Centimeter	厘米

窗体容器对象属性与其内按钮控件对象属性之间的关系如图 10-1 所示。

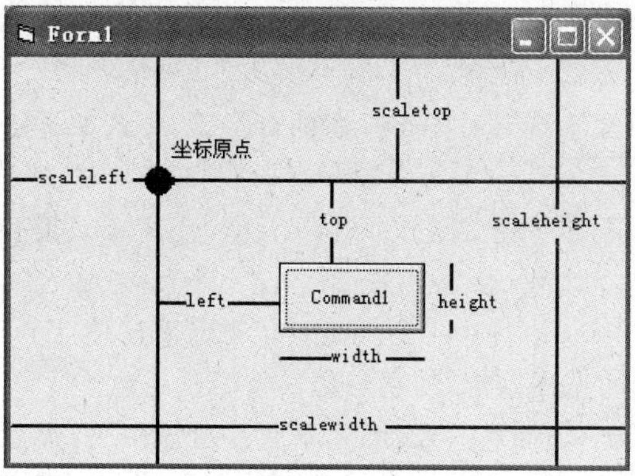

图 10-1　刻度属性与控件属性之间的关系

　　容器对象坐标系有 3 种类型:默认坐标系、标准坐标系和自定义坐标系,设计者可以根据实际需要选择一种坐标系。

10.1.1　默认坐标系

　　默认坐标系规定容器对象的坐标原点为左上角,其值为(0,0),水平轴和垂直轴分别向右和向下延伸坐标值增加,刻度单位为缇(Twip)。Twip 是打印机的一磅的 1/20(1440 Twip 等于 1 Inch;567 Twip 为 1 cm)。在默认坐标系下,控件对象的 Left,Top,Width,Height 属性也是以缇为刻度单位。

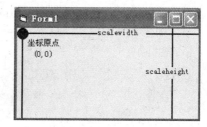

图 10-2　新建窗体的坐标系

　　例如:当新建一个窗体时,采用默认坐标系,坐标原点在窗体的左上角,ScaleLeft＝0,ScaleTop＝0,ScaleWidth＝4680,ScaleHeight＝3090,刻度单位为缇。如图 10-2 所示。

10.1.2　标准坐标系

　　在标准坐标系中,坐标原点为左上角(0,0),水平轴和垂直轴分别向右和向下延伸,坐标值增加,刻度单位可以用缇作为单位,也可以按照表 10-1 中容器对象的 ScaleMode 属性进行设置。

　　例如:

Form1. ScaleMode＝2　　　　　'窗体坐标系以点为刻度单位

Picture1. ScaleMode＝7　　　　'图片框坐标系以厘米为刻度单位

　　ScaleMode 属性值除 0 和 3 之外,其余规格均可用于打印机。例如,当设置 ScaleMode 属性为 5 时,如果某一图形的长度为 6,则输出到打印机上的长度为 6 英寸。

10.1.3 自定义坐标系

用户可以用 Scale 方法实现对对象坐标系的自定义,格式如下:

[对象.]Scale[(xleft,ytop)－(xright,ybottom)]

其中:(xleft,ytop)是容器对象的左上角,(xright,ybottom)是容器对象的右下角,均为单精度数值。

例 10.1 在 Form_Paint 事件中通过 Scale 方法定义窗体 Form1 的坐标系,将坐标原点平移到窗体中央,Y 轴的正向向上,使它与数学坐标系一致。

要使窗体坐标系和数学坐标系一致,坐标原点在窗体中央,显示 4 个象限,只需要指定窗体对象的左上角坐标值(xleft,ytop),和右下角的坐标值(xright,ybottom),使 xleft＝－xright,ytop＝－xbottom。

```
Private Sub Form_Paint()
    Form1.Scale (－400，300)－(400，－300)        '对象名 Form1 可省略
    Line (－400，0)－(400，0)                      '画 X 轴
    Line (0，300)－(0，－300)                      '画 Y 轴
    CurrentX＝0：CurrentY＝0：Print 0             '标记坐标原点
    CurrentX＝380：CurrentY＝30：Print "X"        '标记 X 轴
    CurrentX＝10：CurrentY＝280：Print "Y"        '标记 Y 轴
End Sub
```

程序执行后的效果如图 10-3 所示。

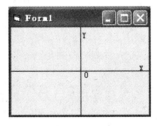

图 10-3 例 10.1 运行效果图

10.2 绘图属性

10.2.1 当前坐标

窗体、图形框或打印机的 CurrentX,CurrentY 属性给出这些对象在绘图时的当前坐标。这两个属性在设计阶段不能使用。当坐标系确定后,坐标值(x,y)表示对象上的绝对坐标位置。如果坐标值前加上关键字 Step,则坐标值(x,y)表示对象上的相对坐标位置,即

从当前坐标分别平移 x,y 个单位,其绝对坐标值为(CurrentX+x,CurrentY+y)。

当使用 CLS 方法后,CurrentX,CurrentY 属性值为 0。

例 10.2　指定当前坐标输出文本内容。

程序一:

```
Private Sub Form_Click()
    Dim i As Integer
    For i=50 To 2000 Step 300
        CurrentX=i：CurrentY=i
        Print "蚌埠医学院"
    Next i
End Sub
```

图 10-4　程序一运行效果

程序二:

```
Private Sub Form_Click()
    Dim i As Integer
    For i=50 To 2000 Step 300
        Print "蚌埠医学院"
    Next i
End Sub
```

图 10-5　程序二运行效果

10.2.2　线型和线宽

1. DrawStyle 属性

其语法格式为:

[<对象>.]DrawStyle[=<值>]

DrawStyle 属性用于指定用图形方式创建的线是实线还是虚线。<值>的取值范围为 0~6,用来产生不同间隔的实线和虚线,默认值为 0(实线)。

2. DrawWidth 属性

其语法格式为:

[<对象>.]DrawWidth[=<值>]

窗体、图片框的 DrawWidth 属性可以用来设置绘图线的宽度,<值>以像素为单位,设置后影响 PSet,Line 和 Circle 方法。<值>的范围是 1~32767,默认值为 1,也就是说画出的线为 1 个像素宽。

不同的设置的效果如图 10-6 所示。

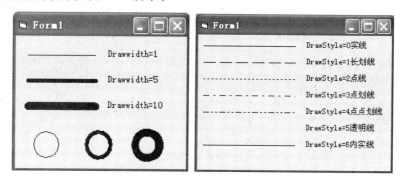

图 10-6　DrawWidth 和 DrawStyle 属性不同设置值的效果

10.2.3　填充

封闭图形的填充方式由 FillStyle,FillColor 这两个属性决定。

FillColor 属性指定填充图案的颜色,默认的颜色与 ForeColor 相同。其语法格式为:

　　　　[<对象>.]FillColor[=<值>]

其中,<值>为可选的长整型数,为该点指定的 RGB 颜色。如果省略,则默认值为 0。可用 RGB 函数或 QBColor 函数指定颜色。

FillStyle 属性指定填充的图案,共有 8 种内部图案。其语法格式为:

　　　　[<对象>.]FillStyle[=<值>]

其中,<值>的取值范围为 0~7,共有 8 种选择:纯色、横条纹、竖条纹、正网格、斜网格等。不同设置值的效果如图 10-7 所示。

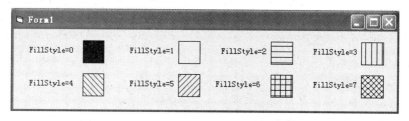

图 10-7　FillStyle 属性不同设置值的效果

10.2.4　颜色函数

1. RGB 函数

RGB 函数是最常用的一个颜色函数,语法格式为:

　　　　RGB(red,green,blue)

其中,red,green,blue 分别表示颜色的红色成分、绿色成分、蓝色成分,取值的范围都是 0~255。

RGB 采用红、绿、蓝三原色原理,返回一个长型整数,用来表示一个 RGB 值。表 10-2

列出了一些常见的标准颜色,以及这些颜色的红、绿、蓝三原色成分值。

表 10-2 常见的标准颜色 RGB 值

颜色	红色值	绿色值	蓝色值	颜色	红色值	绿色值	蓝色值
黑色	0	0	0	红色	255	0	0
蓝色	0	0	255	洋红色	255	0	255
绿色	0	255	0	黄色	255	255	0
青色	0	255	255	白色	255	255	255

2. QBColor 函数

QBColor 函数返回一个用来表示所对应颜色值的 RGB 颜色码,其语法格式为:

QBColor(color)

其中 color 参数是一个介于 0~15 的整型数,见表 10-3。

表 10-3 color 参数的设置表

值	颜色	值	颜色	值	颜色	值	颜色
0	黑色	4	红色	8	灰色	12	亮红色
1	蓝色	5	洋红色	9	亮蓝色	13	亮洋红色
2	绿色	6	黄色	10	亮绿色	14	亮黄色
3	青色	7	白色	11	亮青色	15	亮白色

10.3 图形控件

用户可以根据自己的意愿画出一些简单的图形。Visual Basic 提供了画图形的基本工具,如 Shape(形状控件)、Line(线控件)。这些控件不支持任何事件,只用于表面装饰。可以在设计时通过属性来确定显示的图形,也可以在程序运行时修改属性以动态显示图形。

10.3.1 Shape 控件

Shape 控件的作用是绘制矩形、正方形、椭圆形、圆形、圆角矩形及圆角正方形。当 Shape 控件放到窗体时显示一个矩形,通过设置 Shape 属性可以改变形状。Shape 属性的取值范围为 0~5,其值与形状的对应关系如表 10-4 所示。

表 10-4 Shape 属性值及说明

Shape 属性值	形 状
0—Rectangle	矩形
1—Square	正方形
2—Oval	椭圆形
3—Circle	圆形
4—Rounded Rectangle	圆角矩形
5—Rounded Square	圆角正方形

可以调整这些形状的大小,设置颜色、边框样式、边框宽度等。表 10-5 列出了 Shape 控件的常用属性。

表 10-5　Shape 控件的常用属性

属性	含义	属性	含义
BorderColor	边框色	BorderWidth	边框宽度
FillColor	填充色	FillStyle	填充样式
BorderStyle	边框样式	DrawMode	画图模式

10.3.2　Line 控件

Line 控件与 Shape 控件相似,但仅用于画线。Line 控件用于在窗体、图片框或框架中画各种直线段,既可以在设计时通过设置线的端点坐标属性来画出直线,也可以在程序运行时动态地改变直线的各种属性。表 10-6 列出了直线控件的一些常用属性。

表 10-6　Line 控件的常用属性

属性	含义	属性	含义
BorderColor	直线颜色	BorderWidth	直线宽度
BorderStyle	直线线型	Name	对象引用名
X1、Y1	直线的起点坐标	X2、Y2	直线的终点坐标

只有直线的宽度为 1 时(即 BorderWidth＝1),BorderStyle 属性的 7 个属性值(0～6)才有效。当直线宽度大于 1 时,取值只有 0 和 6 才有效。

10.3.3　图像框

图像框控件在工具箱中的名称为 Image,主要用于显示图像。表 10-7 列出了图像框控件的主要属性。

表 10-7　图像框控件的主要属性

属性	描　　述
Enable	设置控件对象是否可用,True 表示可用,False 表示不可用
Picture	设置控件对象要显示的图像
Stretch	设置图形是否可以拉伸,True 表示可以拉伸适应控件的大小,False 表示不可拉伸

Picture 属性既可以在设计状态设置,也可以在程序运行时使用 LoadPicture( )函数装入图形。使用形式为:

Image1. Picture＝LoadPicture("d:\sang. bmp ")

在程序运行时删除图形的使用方法为:Image1. Picture＝LoadPicture("")

装入另一图像框中的图形使用方法为:Image2. Picture＝Image1. Picture

10.3.4　图形框

图形框控件在工具箱中的名称为 PictureBox，在 Visual Basic 中除了可以用来显示图形，还可以作为其他控件的容器，使多个控件对象成为一组，以及通过 Print、Pset、Line、Circle 等方法在其中输出文本和画图。表 10-8 列出了图片控件的主要属性。

表 10-8　图片控件的主要属性

属性	描　　述
Enable	设置控件对象是否可用，True 表示可用，False 表示不可用
Picture	设置控件对象要显示的图形
AutoSize	设置控件的大小是否可以自动调整，True 可以，False 不可以

虽然图像控件和图形控件都是用来显示图形的，两者功能非常相似，但还是有区别的：

（1）Image 控件使用的系统资源少，重绘图的速度相对较快。

（2）Image 控件支持的属性、方法和事件比 PictureBox 控件少。

（3）Image 控件只能用于显示图形，而 PictureBox 控件除了可以显示图形外，还可以作为其他控件的容器，也可以利用剪贴板给 PictureBox 控件添加图形。

（4）Image 控件的 Stretch 属性，它能自动调节图形比例，使其能适合控件的大小。如果 Stretch 被设置为 True，加载到图像框的图形可以自动调整尺寸，以适应图像框的大小，如果 Stretch 被设置为 False，图像框可以自动改变大小适应其中的图形。

（5）PictureBox 控件的 AutoSize 属性，其作用为根据图片的尺寸，相应地调节控件的大小。如果 AutoSize 被设置为 True，那么，控件的大小就要被调整到和图形一样；如果 AutoSize 被设置为 Flase，当加载的图形比控件大时，图形被剪裁。

10.4　图形方法

Visual Basic 提供的图形方法可以更加灵活地绘制图形。

10.4.1　PSet 方法

格式：[对象名.] PSet[Step](x,y)[,颜色]

功能：在对象的指定位置（x,y）上按选定的颜色画点。参数 Step 指定（x,y）是相对于当前坐标点的坐标。当前坐标点可以是最后的画图位置，也可以由属性 CurrentX 和 CurrentY 设定。

例 10.3　用 PSet 方法绘制圆的渐开线，如图 10-8 所示。

图 10-8　用 PSet 方法绘制的圆的渐开线

命令按钮的 Click 事件代码如下：

```
Private Sub Command1_Click()
    ScaleMode＝6
    x＝Me. ScaleWidth/2
    y＝Me. ScaleHeight/2
    For t＝0 To 25 Step 0.005
        xt＝Cos(t)＋t * Sin(t)
        yt＝－(Sin(t)－t * Cos(t))
        PSet (xt＋x, yt＋y),vbBlue
    Next t
End Sub
```

10.4.2　Line 方法

格式：[对象名.]Line[[step](x1,y1)]－[step](x2,y2)[,颜色][,B[F]]
功能：绘制直线或矩形。

说明：

(1) (x1,y1)和(x2,y2)分别是线段的起点和终点,若(x1,y1)省略,则表明起点为当前点(CurrentX,CurrentY)。

(2) step:若使用该参数,则表示起点或终点坐标是相对当前点(CurrentX,CurrentY)的,而不是相对原点的;若不使用该参数,则表示坐标是相对原点的。

(3) 颜色:用于指定绘制图形的颜色,可使用 RGB 函数或 QBColor 参数指定。若省略,则使用对象当前的 ForeColor 属性指定的颜色。

(4) B:若使用该参数,则绘制的是矩形,而(x1,y1)和(x2,y2)指定的是矩形的左上角和右下角坐标。

(5) F:只有使用了 B 参数,该参数才能使用。若使用该参数,表明用指定颜色填充矩形;若省略该参数,则以对象当前的 FillColor 和 FillStyle 属性值来填充矩形。

例 10.4　在窗体 Form1 中显示从－2π～2π 区间正弦曲线。

分析：

(1) 首先定义坐标系(即 Scale (－8,2)－(8,－2))。

(2) 画坐标轴刻度。用 Line 方法标记 X 轴和 Y 轴的刻度,X 轴的刻度线两端点的坐标满足(i,0)－(i,y0).其中,y0 为一定值,可用循环语句变化 i 的值标记 x 轴上的坐标刻度。Y 轴的刻度线两端点的坐标满足(x0,i)－(0,i)。其中,x0 为一定值,可用循环语句变化 i 的值标记 Y 轴上的坐标刻度。

(3) 用 Line 方法画图,为了输出的曲线光滑,相邻两个 x 点的间距为 0.005。

程序代码如下：

```
Private Sub Form_Click()
    Cls
    Form1. Scale (－8, 2)－(8, －2)        '定义坐标系
```

```
    Line (-7.5, 0)-(7.5, 0)                    '画 X 轴
    Line (0, 1.9)-(0, -1.9)                    '画 Y 轴
    Current X=7.5：CurrentY=0.2：Print "X 轴"
    Current X=0.5：CurrentY=2：Print "Y 轴"
    For i=-7 To 7                              '在 X 轴上标记坐标刻度,线长 0.1
        Line (i, 0)-(i, 0.1)
        CurrentX=i-0.2：CurrentY=-0.1：Print i
    Next i
    For i=-1 To 1                              '在 Y 轴上标记坐标刻度
        If i <> 0 Then
            CurrentX=-0.7：CurrentY=i+0.1：Print i
            Line (0.2, i)-(0, i)
        End If
    Next i
    CurrentX=-6.283：CurrentY=0                 '设置起点坐标
    For i=-6.283 To 6.283 Step 0.005
        x=i：y=Sin(i)                           '设置下一点坐标
        Line -(x, y)                           '从当前点画到下一点,也可以用 PSet 方法画点
    Next i
End Sub
```

运行效果如图 10-9 所示。

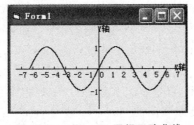

图 10-9　-2π～2π 区间正弦曲线

10.4.3　Circle 方法

格式:[对象名.]Circle [step](x,y),半径[,[颜色][起始点][,[终止点][,长短轴比率]]]]
功能:绘制圆、椭圆、圆弧和扇形。

说明:

(1) 对象指示 Circle 在何处产生结果,可以是窗体或图形框或打印机,默认为当前窗体。

(2) (x,y)为圆心坐标,关键字 step 表示采用当前作图位置的相对值。

(3) 圆弧和扇形通过起始点、终止点控制,采用逆时针方向绘弧。起始点、终止点以弧度为单位,取值在 0～2π 之间。当在起始点、终止点前加一负号时,表示画出圆心到圆弧的径向线。参数前出现的负号,并不能改变绘图时坐标系中旋转方向,该旋转方向总是从起始

点按递时针方向画到终止点。

（4）椭圆通过长短轴比率控制，默认值为 1 时，画出的是圆。

（5）使用时，如果想省略参数，分隔的逗号不能省略。

举例说明用 Circle 方法绘制图，程序代码如下：

```
Circle (1500, 1000), 500                    '圆
Circle (4000, 1000), 500, , -1, -5.1        '扇形
Circle (1500, 2500), 500, , , , 2           '椭圆
Circle (4000, 2500), 500, , -2, 0.7         '圆弧
```

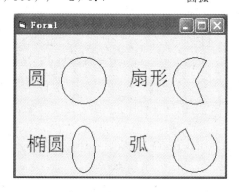

图 10-10　Circle 方法示例

例 10.5　用 Circle 方法在窗体上绘制由圆环构成的艺术图案。构造图案的算法为：将一个圆心为（x0，y0），半径为 r 的圆周等分为 n 份，再以这 n 个等分点为圆心，其圆心坐标为（r*cosx+x0，r*sinx+y0），半径为 r*0.9，绘制 n 个不同颜色的圆。

程序代码如下：

```
Private Sub Form_Click()
    Dim a, c, r, x, y, x0, y0, pi As Single
    Cls
    n=Val(Text1)                    '指定圆周上的等分数
    r=Form1.ScaleHeight/4           '圆的半径
    x0=Form1.ScaleWidth/2           '圆心
    y0=Form1.ScaleHeight/2
    pi=3.1415926
    st=pi/n                         '等分圆周为 n 份
    For i=0 To 2*pi Step st         '循环绘制圆
        a=Int(Rnd*15+0)
        c=QBColor(a)
        x=r*Cos(i)+x0               '取圆周上的等分点
        y=r*Sin(i)+y0
        Circle (x, y), r*0.9, c
    Next i
End Sub
```

运行效果如图 10-11 所示。

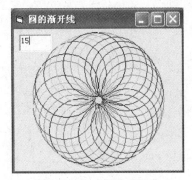

图 10-11 五彩艺术图案

10.4.4 Point 方法

格式:[对象名.]Point(x,y)

功能:返回窗体或图形框上指定点(x,y)的 RGB 颜色。如果点的坐标在对象外边,Point 方法返回-1(True)。

例 10.6 在窗体上定义菜单,从数据文件中读入数据,绘制直方图、饼图,如图 10-12 所示。

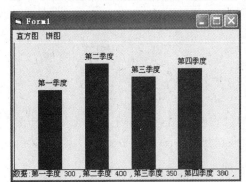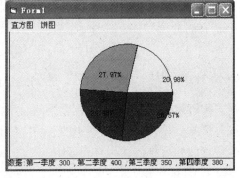

图 10-12 例 10.6 运行效果图

1. 绘制数据和坐标系

绘制数据为某公司四个季度的销售量,数据结构如图 10-13 所示,数据文件的第一列为"第几季度",第二列为"销售量"。编写一个共用过程 zbx 从文件"data.txt"读出绘制数据,并将季度和销售量分别存放在数组 a( )和 b( )中。

图 10-13 数据文件格式

为了提高程序的通用性,可采用动态数组存放数据,同时根据具体数据值定义坐标系。设计思路:从数据文件读出一条记录,就增加一个数组元素存放当前数据。找出绘图数据中的最大值 max,根据该值设置 Scale 方法中的参数,再根据文件内的记录数 n 绘图。

Dim a $( )$, b%( ), n, max   '数组 a,b 必须在窗体的通用处声明

Public Sub zbx( )   '定义坐标系和显示绘图数据

```
    Cls
    n＝0；max＝0                                    '设置记录数的初值
    Open "d:\VB\data.txt" For Input As ＃1
    Do While Not EOF(1)
        n＝n＋1                                     '记录数加 1
        ReDim Preserve a(n)                         '增加一个数组元素
        ReDim Preserve b(n)
        Input ＃1，a(n)，b(n)                         '从文件内读出数据保存到数组
        If b(n)＞max Then max＝b(n)                  '找出绘图数值中的最大值 max
    Loop
    Close ＃1
    Scale (−3，max＊1.2)−(max＊1.2，−max＊0.1)      '根据 max 的值定义坐标系
    Line (0，0)−(max＊1.2，0)
    Line (0，max＊1.2)−(0，0)
    CurrentX＝−3；CurrentY＝−1                       '设置当前坐标位置
    Print "数据:";
    For i＝1 To UBound(a)                            '显示绘图数据
        Print a(i)；b(i)；",";
    Next i
End Sub
```

2. 绘制直方图

直方图可用带参数的 Line 语句绘制。绘制过程是给出直方图中的每个矩形框的左下角和右上角的坐标,左下角坐标中的 y＝0,右上角坐标中 y 为绘制数据,矩形框的宽度可根据坐标系宽度和记录数计算得到。

```
Private Sub menu1_Click()
    zbx                                             '调用 zbx 事件绘制坐标系,显示绘制数据
    w＝max/2/n                                       '根据记录数计算矩形框的宽度
    X1＝w                                            '设定直方图在 x 轴上的起始位置
    For i＝1 To n
        X2＝X1＋w                                     '直方图中矩形框的第 2 坐标点
        Y2＝b(i)                                      '直方图中每个矩形框的高度
        Line (X1，0)−(X2，Y2)，QBColor(9)，BF        '画出矩形框
        CurrentX＝X1                                 '指定季度名称显示位置
        CurrentY＝Y2＋max＊0.1
        Print a(i)                                   '显示季度名称
        X1＝X2＋w                                     '设置下一条记录的起点位置
    Next i
End Sub
```

3. 绘制饼图

饼图绘制用 Circle 语句,先要根据坐标系对象的 ScaleHeight 属性计算出圆心位置,由于改变了 y 轴方向,窗体的 ScaleHeight 属性返回负值。

绘制时需要计算出每个绘图数据在圆内占的百分比,定出该数据对应扇形的起始角和终止角,结合 FillStyle 和 FillColor 属性填充扇形内部区域。FillStyle＝0,用色彩填充,其他值填充网格。起始角和终止角前必须加一个负号,才能画出圆心到圆弧的径向线。如果还要在扇形上标记百分比,可在扇形的中间位置上用 Print 方法打印数据,扇形的中间位置对应的角度为(起始角＋终止角)/2。

```
Private Sub menu2_Click()
    zbx
    x＝Abs(Me. ScaleHeight/2) －10              '设置饼图的圆心位置
    r＝max/4                                    '设定饼图的半径
    Sum＝0
    For i＝1 To n                               '计算绘图数据总和
        Sum＝Sum＋b(i)
    Next i
    Form1. FillStyle＝0                          '设定窗体填充属性
    a1＝0                                        '设定饼图扇形的起始角
    For i＝1 To n
        a2＝a1＋2 * 3. 14159 * b(i)/Sum          '计算扇形的终止角
        FillColor＝QBColor(Rnd * 15)            '设定填充颜色
        Circle (x, x), r, , －a1, －a2           '画扇形,角度前必须加负号
        CurrentX＝x＋r * Cos((a2＋a1)/2)         '定位,用于显示百分比
        CurrentY＝x＋r * Sin((a2＋a1)/2)
        Print Format(b(i)/Sum * 100, "0.00"); "％"
        a1＝a2                                   '将终止角变为下一个扇形的起始角
    Next i
End Sub
```

习 题 十

一、填空题

1. 容器的实际可用高度和宽度是由_____和_____属性确定的。

2. 如果窗体的左上角的坐标为(－100,－100),右下角的坐标为(100,200)。X 轴的正向为_____,Y 轴的正向为_____。

3. 当使用 Scale 方法不带参数时,则采用_____坐标系。

4. 使用 Line 方法画矩形时,必须使用_____关键字。

5. Circle 方法正向采用_____时针方向。

6. DrawStyle 属性用于设置所画线的形状。此属性受到_____属性的限制。

二、选择题

1. 坐标度量单位可通过_____来改变。

   A. ScaleLeft   B. ScaleMode   C. Scale   D. DrawStyle

2. 使用_____属性和方法可以重新定义坐标系。

   A. ScaleLeft   B. ScaleMode   C. Scale   D. DrawStyle

3. 窗体和各种控件都具有图形属性,_____属性可用于显示处理。

   A. FillStyle,FillColor   B. DrawStyle,DrawMode

   C. AutoreDraw,ClipControls   D. ForeColor,BorderColor

4. 当对 DrawWidth 进行设置后,将影响_____。

   A. Line,Circle,Pset 方法

   B. Line,Shape 控件

   C. Line,Circle,Point 方法

   D. Line,Circle,Pset 方法和 Line,Shape 控件

5. 命令按钮、复选按钮、复选框上都有 Picture 属性,可以在控件上显示图片,但需要通过_____属性来控制。

   A. Appearance   B. Style

   C. DisablePicture   D. DownPicture

三、编程题

1. 用 Line 方法在窗体上绘制从$-2\pi \sim 2\pi$区间余弦曲线。

2. 在窗体上绘制参数方程 $x = r\cos 4\alpha \cos \alpha$,$y = r\cos 4\alpha \sin \alpha$ 在 $0 \sim 2\pi$ 之间的图形(玫瑰线),如图 10-14 所示。

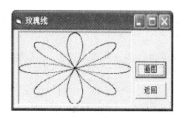

图 10-14　玫瑰线效果图

3. 从"student.txt"数据文件中读出数据并在窗体中以直方图的形式显示成绩数据,"student.txt"数据文件每行有 3 项数据:学号、性别和成绩,数据如下:

图 10-15　数据文件格式

第十一章

数据库应用基础

数据库既能够对大量的数据进行组织和存储,也能够高效地获取和处理数据。数据库技术已成为计算机应用的一个重要组成部分。Visual Basic 6.0 提供了强大的数据库操作功能,用户使用它提供的数据控件和数据存取对象,可方便地对数据库进行数据的录入、修改、删除、查询、统计等操作。

本章将介绍数据库的基本概念,以及 Visual Basic 6.0 的数据库管理的基本功能。

11.1 数 据 库 基 础

11.1.1 数据库基本概念

1. 数据库(Date Base)

数据库(DB)是指按照一定的数据模型来组织和存放的一组相关数据的集合。数据库独立存储在计算机外存储器上,独立于应用程序,能为多个应用程序共享。

数据模型是数据库中用于提供信息表示和操作手段的形式框架,是将现实世界转化为数据世界的桥梁。目前常用的数据模型是:层次模型、网状模型和关系模型。与之相对应,数据库也分为三种基本类型:层次型数据库、网状型数据库和关系型数据库。

以关系模型为基础的数据库就是关系型数据库,其主要特点是以表(table)的方式组织和存储数据,表、记录和字段是关系数据库的基本构成元素。关系数据库处理简单但功能强大,是目前应用最普遍的数据库模型。如大家熟知的 Microsoft Access、SQL Server 等都属于关系型数据库管理系统。

2. 关系模型

关系型数据库是由一张或多张相关联的表组成,表又被称作关系。即,实体与实体之间的联系均由单一的数据结构——关系来描述,例如,学生实体的性质可用关系"学生表"来描述,其结构如表 11-1 所示:

表 11-1　学生表

学　　号	姓　名	性　别	出生日期	政治面貌	所属院系	成　绩
A11989001	李磊	男	1991-10-15	团员	临床医学	588
A11990002	刘红	女	1990-12-20	团员	临床医学	578
A11990003	王丽	女	1991-03-25	党员	医学检验	560
A11991004	张丽华	女	1991-06-27	团员	精神医学	584

一般来说,具有如下性质的一张二维表格才能称其为一个关系:

(1) 每一列中的数据属于同一类型,例如,"姓名"这一列中的数据都为字符型数据。

(2) 每一列的名称必须不同。

(3) 表中各行相异,不允许有重复的行。

(4) 表中的数据项是不可再分的最小数据项。

(5) 表中行和列的顺序可以任意排列,改变行和列的顺序并不会改变关系的性质。

3. 数据表

关系模型中,数据库是数据表的集合,数据表是一组相关信息的集合。数据表是由行、列组成的二维表格,如表 11-1 所示。

4. 字段

数据表中的一列称为一个字段,也可称之为属性或域。每个字段都有一个名字,称之为字段名(属性名),表中每一列的数据具有相同的数据类型,占据相同大小的存储器单元。创建一个数据库表时,除了要定义每个字段的名字之外,还要设置每个字段的数据类型、最大长度等属性。字段名、字段类型及字段宽度被称为字段的三要素。

5. 记录

表中的一行称为一条记录,也可称之为元组。表中不同记录的内容不能完全相同。

6. 关键字

关键字是表中为快速检索而使用的字段。关键字可以是表的一个字段,也可以是几个字段的组合。关键字可以有一个或多个,但每个表都应有一个主关键字(主键),用它来唯一标识表中的记录。因此,作为主关键字的字段或字段组合,其值不允许重复。一般地,要想建立数据库中表与表之间的关系,必须要把表中的某一个字段设置为主关键字。

7. 索引

索引是根据数据表中记录的某一关键字值对表中的记录进行分类。利用索引,可以从表中快速查找到用户所需的数据。一个表可以有多个不同的索引,且允许设置一个主索引。主索引是表中的一个字段,用来唯一标识每条记录。作为主索引的字段,表中不同记录该字段的值不能相同,且不能为空。

11.1.2　Visual Basic 6.0 数据库访问技术

Visual Basic 6.0 不但具有强大的程序设计能力,还具有强大的数据库编程能力,其开发数据库的能力堪与专门的数据库编程语言相媲美,具有简洁、灵活、可扩充性好等优点。

1. Visual Basic 6.0 支持的数据库类型

Visual Basic 6.0 处理的数据库属于关系数据库,默认的数据库格式是 Microsoft Access 数据库,能够访问 Visual FoxPro、Oracle、Microsoft SQL Server 等多种不同类型的数据库。另外还可以访问文本文件、电子邮件、Microsoft Excel、Lotus1-2-3 电子表格等。

2. Visual Basic 的数据访问模式

Visual Basic 的数据库技术经历了一个逐步发展的过程,最早只支持连接在 Micfosoft Jet 数据库引擎上的 DAO,后来为了兼容其他数据库类型,制定了开放式数据库连接 (ODBC)标准,并用 Visual Basic 中的远程数据对象支持这一标准。接着,为适应网络技术的发展,创建了 ActiveX 数据对象。DAO 技术适合访问本地数据,而访问远程数据库时,需使用 RDO 或 ADO 数据访问技术。相比较而言,ADO 基于 COM 编程技术,比 RDO 和 DAO 更加简单,使用更加灵活,可用于各种程序设计语言,有取代其他两种数据访问技术的趋势。下面简单介绍这三种数据对象:

(1) 数据访问对象 DAO(Data Access Object)。DAO(数据访问对象)是 Visual Basic 最早的数据存取方法,可访问三类数据库:Visual Basic 本地数据库,即 Microsoft Access;单一索引序列数据库,如 FoxPro 等;客户—服务器型的 ODBC(开放式数据库连接)数据库,如 Oracle、Microsoft SQL Server 等。

Visual Basic 并不直接对数据库进行操作,而是由应用程序或用户界面发出命令,通过数据库引擎访问数据库,实现对数据库的操作,其过程如图 11-1 所示。数据库引擎存在于应用程序和物理数据库之间,它把用户程序和正在访问的特定数据库隔离开来,利用它用户可以透明地操作数据库,即用户并不需要知道正在访问的数据库文件究竟是什么,且对于不同的数据库,可以使用相同的数据访问对象和相同的编程技术。

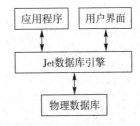

图 11-1　**Visual Basic** 操作数据库示意图

DAO 以 Microsoft Jet 为数据库引擎。Jet 包含在一组 DLL 文件中,在运行时,这些文件被连接到 Visual Basic 程序中,它把应用程序对数据库的操作翻译成对物理数据库文件的实际物理操作。Jet 还包含一个查询处理器和一个结果处理器,用来接收并执行结构化查询语言查询,并管理查询所返回的结果。也就是说,Visual Basic 通过用户界面和程序代码提出的关于数据库操作的请求,并不是直接对物理数据库文件提出的,而是向数据库引擎提出,再由数据库引擎实际执行对数据库的请求,由数据库引擎真正读取、写入、修改和查询数据库,并处理所有内部事务。

(2)远程数据对象 RDO(Remote Data Object)。随着计算机网络的发展,网络数据库应用系统在实际的应用中需求越来越大,为满足对远程数据对象的访问需求,Visual Basic 发展了 RDO 数据访问技术。RDO 是一个到 ODBC 的、面向对象的数据访问接口,通过 RDO 可以直接与数据库服务器交互。

DAO 所有的数据库存取都要通过 Jet 数据库引擎,而 RDO 则是直接与 ODBC 交互。ODBC 是指开放的数据库互联,是一种访问数据库的统一界面标准,通过 ODBC 数据库应用程序不需要考虑不同数据库的格式,而采用统一的方法使用数据库。ODBC 包含一组访问数据库的 API 应用程序接口函数库,应用程序可以通过 API 函数操作数据库中的数据。但 RDO 数据库模式是专门为存取诸如 Oracle、SQL Server 等数据库服务器数据源而设计的,不能用 RDO 实现多种数据库的连接。

(3)ActiveX 数据对象 ADO(ActiveX Data Object)。ADO 是 Microsoft 最新的数据访问组件的一部分,是基于 OLE DB 的面向对象的数据访问模型。OLE DB 是一个低层的数据访问接口,它向应用程序提供了一个统一的数据访问方法,不需要考虑数据源的具体格式和存储方式,可以访问各种数据源。如 SQL Server、Oracle、Access 等关系型数据库,也可以访问 Excel 电子表格、电子邮件系统、图形文件、文本文件等数据资源。

ADO 包含了所有可以被 OLE DB 标准接口描述的数据类型,通过 ADO 的方法和属性可以为用高级语言编写的应用程序提供统一的数据访问方法和接口,所以 ADO 实质上是一种提供访问各种数据类型的连接机制。ADO 可用于各种程序设计语言,既能在 VB、VC、Delphi 程序中使用,也能在由 Active Server Page 构成的 Web 站点上使用。其优点是:易学易用、高速,且占用较少的存储空间。

3. Visual Basic 6.0 中数据访问模式的实现

(1)使用控件。在 Visual Basic 中提供了支持 DAO、RDO 和 ADO 的特殊控件,如支持 DAO 的数据控件 Data、支持 ADO 的数据控件 Adodc 等。使用这些特殊控件可以与数据库建立链接并操作数据库中的数据,但这些控件并不能显示数据,要显示数据必须再与 Visual Basic 的数据绑定控件捆绑在一起,由数据绑定控件控制数据的显示、修改和记录的移动等。

事实上,数据控件是把数据库中的的信息和用来显示这些信息的数据绑定控件连接起来的桥梁。通过设置数据控件的属性,实现与某个数据库的连接,并能指定访问数据库中的某个或某些表。数据控件将数据库中的指定数据提取出来,并放在一个记录集(RecordSet)对象中。RecordSet 对象由记录(Records)和字段(Fields)组成,记录集是数据的一系列记录,通过 RecordSet 对象可完成移动记录、添加记录、删除记录、查询记录等操作。

(2)通过程序代码。在 Visual Basic 中,每种数据存放方法都由一系列的对象组成,这些对象均有属于自己的属性、方法和事件。Visual Basic 允许用户在程序中通过相应的语句使用这三种数据存取模式提供的对象组,完成对象的创建、数据的显示和修改、记录的移动和删除等操作。

11.1.3 结构化查询语言 SQL

结构化查询语言(Structure Query Language,SQL)是关系数据库操作的标准语言。由于 SQL 的标准化和通用性,许多可视化语言和数据库管理软件都内嵌了对 SQL 语言的支持,如 Visual Basic,Delphi,Visual FoxPro 等。SQL 语言具有功能丰富、使用方便灵活、语言简洁易用等特点,能够完成数据查询、数据定义、数据操纵和数据控制等四个方面的功能。本节只简单地介绍 SQL 的部分功能,如有兴趣,读者可查阅专门介绍 SQL 语言的书籍,进行更深入地学习。

1. 数据表定义

使用 CREATE TABLE 命令建立表。命令格式如下:

CREATE TABLE 表名(字段名 1 数据类型说明[NOT NULL][索引 1],

[字段名 2 数据类型说明[NOT NULL][索引 2],……,]

[,CONSTRAINT 复合字段索引][,……]])

说明:

数据类型说明用来指定每个字段的数据类型及所占字节数,其中字段类型需使用英文名称,如,Char(字符型)、Integer(整型)等。字段说明后的"索引"用来说明是否被指定为索引字段。"CONSTRAINT"子句通常用来建立多索引字段的字引。

例如,创建表 11-1 所示的学生表,语句为:

CREATE TABLE students(学号 CHAR(12) NOT NULL,姓名 CHAR(8),性别 CHAR(2),出生日期 Date,住址 CHAR(12),成绩 INTEGER)

2. 数据查询

使用 Select 语句从指定表中选取满足条件的记录,其命令格式如下:

Select 字段名 1,字段名 2,…… From ＜表名＞

    [Where 查询条件]

    [Group By 字段名 1[,字段名 2],……] HAVING 分组条件]

    [Order By 字段名[ASC|DESC][,字段名 2[ASC|DESC]……]]

说明:

(1) 其中 SELECT 和 FROM 子句是必需的,通过使用 SELECT 语句返回一个记录集。

(2) where 子句用以指明查询的条件。条件表达式是由操作符将操作数组合在一起构成的表达式,其结果为逻辑型数据,即 True 或 False。操作数可以是字段名、常量、函数或子查询等。常用的操作符包括:

- 算术比较运算符(＞、＜、＞＝、＜＝、＝、! ＝);
- 逻辑运算符(NOT、AND、OR);
- 集合操作运算符(IN、UNION);
- 接近自然语言运算符(BETWEEN…AND、LIKE)。

(3) Group By 子句是将查询结果按字段内容分组,HAVING 子句给出分组需满足的条件。

(4) Order By 子句是将查询结果按指定字段的升序(ASC)或降序(DESC)排序。

查询是数据库操作中最为常见的操作之一。设有学生表,表文件名为"students. mdb",下面通过例子给出数据查询中会遇到的几种情况:

(1) 查询给定表所有信息。

例 11.1 查询"students"中所有学生的信息。

  SELECT ＊ FROM students

(2) 查询给定表所有行与部分列。

例 11.2 查询 students 表中学号和成绩。

  SELECT 学号,成绩 FROM students

(3)将查询结果排序。

例 11.3 查询 students 表中所有学生的信息,并按成绩由高到低显示。

  SELECT ＊ FROM students ORDER BY 总分

(4) 查询给定表中满足条件的行。

例 11.4 查询 students 表中成绩大于 530 的学生信息。

  SELECT ＊ FROM students WHERE 成绩＞530

例 11.5 查询 students 表中成绩在 620 分至 640 分之间的所有信息。

  SELECT ＊ FROM students WHERE 成绩 BETWEEN 620 AND 640

说明:

条件"BETWEEN 620 AND 640"等价于"总分＞＝620 AND 总分＜＝640"。

例 11.6 查询 students 表中所有姓"张"的学生信息。

  SELECT ＊ FROM students WHERE 姓名 LIKE ″张％″

例 11.7 查询 students 表中"临床医学系"或"信息管理系"的学生档案信息。

  SELECT ＊ FROM students WHERE 所属院系 IN (″临床医学″,″信息管理″)

例 11.8 查询 students 表中成绩最高的学生档案信息。

  SELECT ＊ FROM students WHERE 成绩＝(SELECT MAX(成绩) FROM students)

说明:

子查询语句(SELECT MAX(成绩) FROM students)找出最高成绩,查询结果是单值。

3. 插入记录

使用 Insert Into 语句可以把新的记录插入到指定的表中。语句格式为:

Insert into 表名 [(字段名 1[,字段名 2,……])] values (表达式 1[,表达式 2,……])

例 11.9 向 students 表中插入记录。

INSERT INTO students VALUES(″A11990006″,″李小冉″,″男″,″1991-12-19″,″党员″,″信息管理″,601)

4. 删除记录

使用 Delete 语句可以删除表中满足指定条件的一条或多条记录。语句格式为:

  Delete from ＜表名＞ [where ＜条件＞]

例 11.10 逻辑删除数据表 students 中学号为 A11990002 的记录。

  DELETE FROM students WHERE 学号＝″A11990002″

5. 更新记录

使用 Update 语句对表中指定记录和字段的数据进行更新,语句格式为:

Update ＜表名＞ set 字段名 1 ＝表达式 1,字段名 2 ＝表达式 2……[Where ＜条件＞]

例 11.11　将 students 表中所属院系为"信息管理"的学生成绩提高 10%。

　　UPDATE students SET 成绩＝成绩 * 1.10 WHERE 所属院系="信息管理"

11.2　可视化数据管理器

可视化数据管理器是 Visual Basic 提供的一个实用的、可视化的工具,使用它可以完成创建数据库、建立数据表、数据查询和数据表更新维护等操作。可视化管理器的数据访问模型是 DAO(Data Access Objects),用它建立的数据库是 Access 97 格式。

下面通过一个具体的例子来介绍使用可视化数据管理器建立数据库的方法步骤。

例 11.12　利用可视化数据管理器建立数据库。

首先在 Visual Basic 中新建一个名为"学生管理系统"的工程,再利用可视化数据管理器创建数据库,具体步骤如下:

(1) 启动可视化数据管理器。在 Visual Basic 开发环境中,选择"外接程序"菜单下的"可视化数据管理器",即可打开可视化数据管理器,如图 11-2 所示。

(2) 建立数据库。使用 VisData 建立一个名为

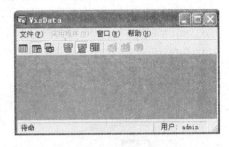

图 11-2　可视化数据管理器

"学生管理.mdb"的数据库(扩展名为.mdb 是 Office Access 数据库系统文件),方法如下:

选择"文件"菜单下的"新建"命令,并选择子菜单中的"Microsoft Access",再从出现的子菜单中选择"Version 7.0 MDB(7)"命令,出现一个保存数据库文件对话框,如图 11-3 所示。

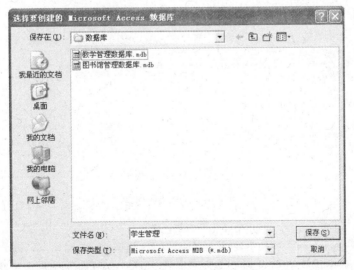

图 11-3　保存/选择数据库文件对话框

在对话框中选择要新建数据库的文件夹,输入数据库的名字"学生管理",单击"保存"按钮,出现如图 11-4 所示的窗口。

图 11-4　新建数据库窗口

可以看到,在指定的文件夹中就有了数据库文件"学生管理.mdb"。

（3）建立数据表。上面建的文件是空的,还要为数据库建立表。下面在数据库文件"学生管理.mdb"中建立 students 表,具体步骤如下:

① 在"数据库窗口"中,选中数据库窗口中的"Properties"选项,单击右键,在弹出菜单中选择"新建表",出现"表结构"对话框,如图 11-5 所示。

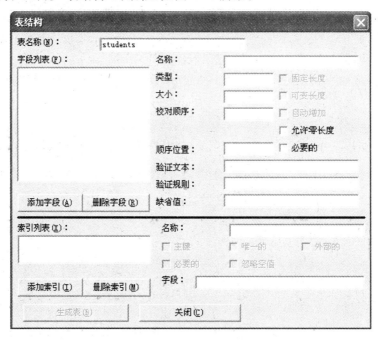

图 11-5　表结构对话框

② 在"表名称"框中输入 students。单击"添加字段（A）"按钮,出现如图 11-6 所示对话框。在对话框中设置字段名、字段类型、字段宽度等信息,单击"确定"即添加一个字段;表中的所有字段需逐一添加。添加完所有字段后单击"关闭"按钮即完成表结构的创建。

③ 表结构建立后便可建立索引了。单击"添加索引",出现如图 11-7 所示的对话框。

在对话框中,输入索引名,再选取被索引的字段,单击"确定"按钮便建立了索引。

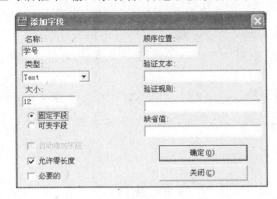

图 11-6 添加字段对话框

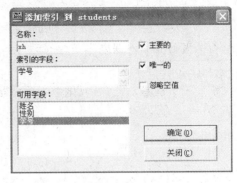

图 11-7 添加索引

在表结构对话框中单击"生成表",在数据库窗口中就有了已生成的表"students.mdb",如图 11-8 所示。至此数据表结构建立完毕。

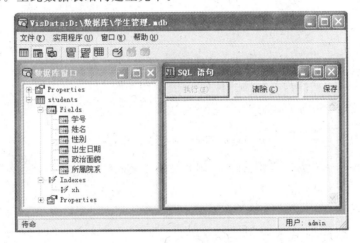

图 11-8 生成表

④ 输入记录。建立表结构之后,双击表名或右键选择"打开",则打开如图 11-9 所示的窗口,点击"添加"按钮,弹出如图 11-10 所示的窗口,在此窗口中输入数据,当一条记录的数据输入完毕后,点击"更新"按钮,完成一条记录的输入。

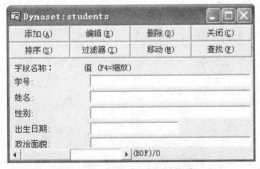

图 11-9 数据表记录操作窗口

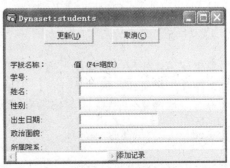

图 11-10 添加记录窗口

在如图 11-9 所示的窗口内可对数据表进行诸如添加记录、删除记录、修改记录等操作。在 Visual Basic 中,一个数据库文件可包含多个表,表不是独立的文件,而是数据库文件的一部分。重复步骤①～④,可建立其他的数据表。若需要修改表结构,可以在"VisData"窗口下选取要修改的数据表,单击鼠标右键,在弹出的菜单中选择"设计"命令,可进入"表结构"窗口进行修改操作。

需要指出的是,利用可视化数据管理器只能建立结构简单的数据库。如若建立复杂的数据库,可通过数据库软件如 SQL Sever 或 Access 等创建,然后在 Visual Basic 中对其进行调用和管理。

11.3　使用 DAO 控件访问数据库

DAO 的 Data 控件最早应用于 Visual Basic 3.0,专门用于访问本地数据库。DAO 虽然也能访问远程数据库,但性能较差。Data 控件通过 Microsoft Jet 数据库引擎实现对多种数据库的访问。它可访问的数据库类型有:Microsoft Access、dBase、FoxPro、Oracle 和 SQL 等,也可以访问 Microsoft Excel 文件和标准 ASCII 文本文件。Data 控件在标准工具栏上,其外观如图 11-11 所示。

图 11-11　数据控件外观

Adodc 控件的 4 个箭头分别表示跳转到数据集的第一条记录、上一条记录、下一条记录、最后一条记录,点击箭头可以移动记录。

使用 Data 控件,可以完全不用编写代码,只需通过简单的设置和合并数据绑定控件,就能够实现对本地或远程数据库的连接,完成对数据库的创建、显示、查询、编辑、更新等操作,并能及时捕获访问数据时出现的错误。

11.3.1　Data 控件的常用属性

1. Connect 属性

用来指定访问的数据库类型。在该属性名后的列表框中,列出了所有可供使用的数据库类型,用户可以直接从该列表框中选择。默认数据库类型为 Access。

2. DatabaseName 属性

用来指定具体使用的数据库。通过该属性返回/设置 Data 控件数据源的名称和位置,可以包含路径。该属性可以在属性窗口中设置,也可以在程序中利用语句设置。但如果在窗体运行时改变该属性的值,必须使用 Refresh 方法来打开新的数据库。

3. RecordSource 属性

用来确定具体访问的数据。与 Data 数据控件相关联数据可以是:基本表、SQL 语句或 QueryDef 对象。允许用户在程序运行时改变该属性的设置,再用 Refresh 方法使该属性的改变生效,并重建记录集。

要使用 Data 控件至少需要设置 DatabaseName 属性和 RecordSource 属性。一旦设置了 DatabaseName 属性,Visual Basic 将检索数据库里所有的表和有效查询的名称,并显示在 RecordSource 属性的下拉列表里,供用户选择。

4. RecordSetType 属性

Data 控件可以使用 Recordset 对象来对存储在数据库中的数据进行访问,Recordset(对象集)可以是数据库中的一组记录,也可以是整个数据表,还可以是表的一部分。RecordSetType 属性用来返回/设置 Data 控件要创建的记录集的类型,可设置的属性值如表 11-2 所示。

表 11-2　**RecordSetType** 属性设置值

属性值	记录集类型	含　义
0	Table(表类型记录集)	该种类型的记录集包含表中所有记录,可对数据表中的数据进行增加、删除、修改等操作,直接更新数据。
1	Dynaset(动态集类型记录集)	包含来自一个或多个表的记录,对该种类型的数据表所进行的操作都先在内存中进行,运行速度快。
2	Snapshot(快照类型记录集)	包含打开的数据表或由查询返回的数据,仅供读取而不能修改,主要用于查询操作。

该属性的默认值为 1,即在默认状态下,数据控件从数据库中的一个或多个表中创建一个动态类型的记录集(属性值为 1-Dynaset-type)。利用动态集型记录集,可以对不同类型的数据库中的表进行可更新的链接查询。动态集和它的基本表可以互相更新。当动态记录集中的记录发生变化,同样的变化也将在基本表中反映出来。

5. Exclusive 属性

用于返回/设置 Data 控件链接的基本数据库是为单用户打开还是为多用户打开。若其值设为 True,数据库为单用户开放;若为 False,则数据库为多用户开放。

6. ReadOnly 属性

用于返回/设置控件的 Database 是否以只读方式打开。其数据类型为布尔型,可取的值有:True、False。当值为 True 时表示以只读方式打开。

7. EOFAction 属性

用来决定当数据移动超出 Data 控件记录集的终点时程序将执行的操作。具体设置如表 11-3 所示。

表 11-3　**EOFAction 属性设置值**

数　值	设　置　值	含　义
0	VbEOFActionMoveLast	MoveLast(默认值),将最后一个记录设置为当前记录
1	VbEOFActionEOF	指定当前记录为无效的(EOF)记录,并使 Data 控件上的 MoveNext 按钮失效
2	VbEOFActionAddNew	使最后的记录有效和自动调用 AddNew 方法,然后指定 Data 控件位于新记录上

8. BOFAction 属性

用来确定当数据移动超出 Data 控件记录集的起始点时程序将执行的操作。具体设置如表 11-4 所示。

表 11-4　**BOFAction 属性设置值**

数　值	设　置　值	含　义
0	VbBOFActionMoveFirst	MoveLast(默认值),将最后一个记录设置为当前记录
1	VbBOFActionBOF	指定当前记录为无效的(BOF)记录,并使 Data 控件上的 MoveNext 按钮失效

11.3.2　数据绑定控件及其常用属性

数据控件只是负责数据库和 Visual Basic 工程之间的数据链接和交换,本身并不能显示数据,显示数据必须借助于 Visual Basic 控件中的数据绑定控件。数据库、DAO 数据控件与数据绑定控件的关系如图 11-12 所示:

图 11-12　数据库、数据控件与数据绑定控件的关系

在 Visual Basic 标准控件中,可使用的数据绑定控件有文本框、标签、复选框、图像框、列表框、组合框、OLE 客户和图片框等。使用这些数据绑定控件时须设置如下属性:

1. DataSource 属性

该属性用来指定与数据绑定控件绑定在一起的数据控件。可在属性窗口中设置,也可在运行程序时由代码来设置。例如,将文本框控件 Text1 与数据控件 Data1 绑定在一起,可用如下语句实现:

　　　　Text1. DataSource＝Data1

注意:

绑定控件必须与数据控件在同一窗体中。

2. DataField 属性

该属性用来返回/设置一个值(字段名),将控件绑定到当前记录的一个字段。可在属性窗口中设置,也可在代码中设置,如执行语句:

　　　Text1. DataField="学号"

可将文本框控件与数据表中的"学号"字段绑定在一起。

11.3.3　Data 控件的 Recordset 对象的常用属性

1. RecordCount 属性

若记录集为表类型,该属性的值表示的是表的记录总数。对于快照集或动态集类型,该属性的值表示的是已访问过的记录的个数。

2. Nomatch 属性

该属性仅对 Microsoft Jet 数据库的数据表有效,用来标识通过 Seek 或 Find 方法是否找到了一个相匹配的记录,若找到,则指针指向该记录,Nomatch 值为 False,否则为 True。

3. Bookmark 属性

该属性保存了一个当前记录的指针,并直接重新定位到特定记录。利用 Bookmark 属性的值来直接跳到指定的记录,其值可以包含在 Variant 或者 String 型的变量中。

4. LastModified 属性

用来返回一个 Bookmark 标志,为最近添加或改变的记录。

11.3.4　Data 控件和 RecordSet 对象的常用方法

1. Refresh 方法

Refresh 方法用来关闭并重新建立/显示数据库中的记录集。一般地,当在程序运行时修改了数据控件的 DatabaseName、Readonly、Exclusive 或 Connect 等属性时,必须使用该方法刷新记录集。其格式为:

　　　Data1. Refresh

2. Update 方法

用来将修改的记录内容保存到数据库中。其格式为:

　　　Data1. RecordSet. Update

当需要改变数据库中的数据时,先将编辑的记录设置为当前记录,然后在绑定控件中完成修改,再使用 UpDdate 方法保存此修改。

3. UpdateControls 方法

用来从数据控件的记录集中再取回原先的记录内容,即取消修改恢复原值。其格式为:

Data1. UpdateControls

4. AddNew 方法

用来添加一个新记录,新记录各字段的值为空或取默认值。例如,给 Data1 的记录集添加新记录,语句为:

Data1. Recordset. AddNew

AddNew 方法将新添加的记录置于数据库记录的末尾。将新记录添加到记录集时,首先要用 AddNew 方法创建一条空的新记录,然后给该记录的各字段赋值,最后用 Update 方法保存新记录。需要说明的是,当新记录输入完成,数据并没保存到数据库中去,只有执行 UpDdate 方法,记录才能从记录集中写到数据库文件中。

例如,下面的代码段可实现往数据库"学生管理. mdb"中的"students"表添加一条新记录:

Data1. DatabaseName＝″D:\数据库\学生管理. mdb″

Data1. RecordSource＝″students″

Data1. Refresh   '打开数据库

Data1. Recordset. AddNew   '创建一条新记录

Data1. Recordset(″学号″)＝″201210010108″

Data1. Recordset(″姓名″)＝″李小路″

Data1. Recordset(″性别″)＝″男″

Data1. Recordset(″出生日期″)＝″1990-5-20″

Data1. Recordset(″政治面貌″)＝″团员″

Data1. Recordset(″所属院系″)＝″信息管理″

Data1. Recordset. Update   '更新记录

5. Find 方法

用于在记录集中查找满足条件的记录。如果找到相匹配的记录,则记录指针将指向该记录,使之成为当前记录。

数据控件的记录集对象 RecordSet 提供了四种用于查找记录的方法,分别是:

FindFirst 方法:用于查找第一个满足条件的记录;

FindLast 方法:用于查找最后一个满足条件的记录;

FindNext 方法:用于查找满足条件的下一条记录;

FindPrevious 方法:查找满足条件的上一条记录。

例如,在 students 表中查找第一条性别为"男"的记录,若未找到,则显示提示信息。语句为:

Data1. RecordSet. FindFirst″性别＝′男′″

If Data1. RecordSet. NoMatch Then MsgBox(″找不到满足条件的记录″)

6. Seek 方法

使用该方法可以在 Table 数据表中查找与指定索引规则相符合的第一条记录，同时将该记录设为当前记录。Seek 方法查找记录时总是从记录集的头部开始查找。

注意：

使用 Seek 方法查找记录时，必须先通过 Index 属性设置索引字段。例如，要在数据库"学生管理.mdb"的记录集内查找"所属院系"为"信息管理"的第一条记录，可用下面的代码段实现查找。

```
Data1.DatabaseName="D:\数据库\学生管理.mdb"
Data1.RecordSetType=0              '设置记录类型为 Table
Data1.RecordSource="students"
Data1.RecordSet.Index="所属院系"    '设置索引字段为"所属院系"
Data1.RecordSet.Seek="信息管理"
```

7. Move 方法

用来使指定的记录成为当前记录，常用于浏览数据库中的数据。Move 方法的格式有 5 种，分别是：

MoveFirst 方法：定位到首记录；

MoveLast 方法：定位到末记录；

MoveNext 方法：定位到下一条记录；

MovePrevious 方法：定位到上一条记录。

Move[n]方法：n 为正数时，向前移到 n 条记录；n 为负数时，向后移动 n 条记录。

当 Data 控件已经定位到末记录，这时继续向后移动记录，会产生错误。因此，在使用 MoveNext 方法时，应先检测一下记录集的 EOF 属性，如：

```
If Data1.RecordSet.EOF=False Then
    Data1.RecordSet.MoveNext
        ……
Else
    Data1.RecordSet.MoveLast
End If
```

同理，使用 MovePrevious 方法移动当前记录时，也应选择检测一下记录集的 BOF 属性。

8. Delete 方法

用于删除当前记录的内容，在删除后当前记录移到下一个记录。例如，删除数据库中的当前记录，语句为：

```
Data1.Recordset.Delete
```

如果记录集中没有记录，使用 Delete 方法将引发一个实时运行错误的信息。在记录集中删除一条记录的操作代码应为：

```
If Data1.Recordset.BOF and Data1.Recordset.EOF Then
```

```
        MsgBox "记录集中无记录,不能进行删除操作", 48, "提示"
        Exit Sub
    Else
        Data1. Recordset. Delete
        Data1. Recordset. MoveNext
    End if
```

11.3.5　Data 控件的事件

Data 控件作为访问数据库的接口,除了具有标准控件所具有的所有事件外,还具有几个与数据库访问有关的特有事件。

(1) Error 事件。Error 事件是数据库常用的验证事件,在用户读取数据库发生错误时被触发。语法格式为:

Private Sub Data1_Error(DataErr As Integer, Response As Integer)

其中,参数 DataErr 为一整型变量,用来返回错误编号。参数 Response 用来指定发生错误时将如何操作,默认值为 1,表示发生错误时显示错误信息,若取值 0,则发生错误时程序继续运行。

(2) Reposition 事件。用户单击 Data 控件上某个箭头按钮,或者在应用程序中使用了某个 Move 或 Find 方法时,使某一条新记录成为当前记录,就会触发该事件。语法格式:

Private Sub Object_Reposition()

例如:

Private Sub Data1_Reposition( )

　　　Data1. caption＝Data1. RecorderSet. AbsolutePosition＋1

End Sub

(3) Validate 事件。当激活另一个记录时引发该事件。如,用 Update、Delete、Unload 或 Close 方法之前均会触发该事件。其格式为:

Private Sub Data1_Validate(Action As Integer, Save As Integer)

其中,参数 Action 用来指定引发此事件的操作;参数 Save 为一个布型常量,用来表明被连接的数据是否已经改变。取值为 True 时,表示被连接的数据已经改变;否则,表示被连接的数据未被改变。

例 11.13　利用数据控件 Data 和数据绑定控件访问数据库,完成显示记录、添加记录、删除记录及更新表等操作。窗体运行效果如图 11-13 所示。

分析:窗体上包含一个命令按钮组 Command1(0)～Command1(4),一个标签控件组 Label1,一个文本框按钮组 Text1(0)～Text1(5),及一个 Data 控件 Data1。设置 Data1 控件的 DataBaseName 属性为"学生管理. mdb";RecordSource 属性为"students"; RecordSourceType

图 11-13　窗体运行界面

属性为"1-Dynaset"。设置 Text1(0)～Text1(5)的"DataSource"属性为"Data1",它们的

"DataField"属性分别设置为学号、姓名、性别、出生日期、政治面貌和所属院系。

程序代码如下：

```
Private Sub Command1_Click(Index As Integer)
    Select Case Index
        Case 0                                      '添加记录
            Data1. Recordset. AddNew
        Case 1
            note＝MsgBox("确定删除(Y/N)?"，vbYesNo，"删除记录")
            If note＝vbYes Then
                Data1. Recordset. Delete
                Data1. Recordset. MoveLast
            End If
        Case 2                                      '更新记录
            Data1. Recordset. Update
            Data1. Recordset. Bookmark＝Data1. Recordset. LastModified
        Case 3                                      '查找记录
            Dim msg As String
            msg＝InputBox("请输入学生学号："，"查找")
            If msg ＜＞ "" Then
                book＝Form1. Data1. Recordset. Bookmark
                Data1. RecordsetType＝0
                Data1. Recordset. FindFirst ("学号＝'" & msg & "'")
                If Form1. Data1. Recordset. NoMatch Then
                    MsgBox ("学号不正确,请重新输入!")
                    Form1. Data1. Recordset. Bookmark＝book
                End If
            Else
                Exit Sub
            End If
        Case 4                                      '退出
            Unload Me
    End Select
End Sub
Private Sub Data1_Reposition()
    Data1. Caption＝"记录" & Data1. Recordset. AbsolutePosition＋1
End Sub
Private Sub Data1_Validate(Action As Integer，Save As Integer)
    If Save＝True Then
        note＝MsgBox("是否保存?"，vbYesNo，"保存记录")
```

```
        If note＝vbNo Then
            Save＝False
            Data1. UpdateControls
        End If
    End If
End Sub
```

11.4　使用 ADO 控件访问数据库

11.4.1　ADO 数据控件的引入与设置

通过 Visual Basic 6.0 提供的 ADO 数据控件 Adodc(ADO Data Control)，用户可以用最少的代码创建数据库应用程序。ADO 数据控件是一个 ActiveX 控件，在使用之前需先将其加入到控件工具箱中。具体步骤是：

选择"工程"菜单中的"部件"子菜单，则弹出部件对话框，在对话框中选择"Microsoft ADO Data Control 6.0(OLEEB)"，如图 11-14 所示。单击"确定"按钮，则工具箱中显示 ADO Data 控件图标，ADO 控件添加成功。同时在该对话框内，选择"Microsoft ADO DataGrid Control 6.0(OLEDB)"，还可以添加另外一个数据绑定控件 DataGrid。

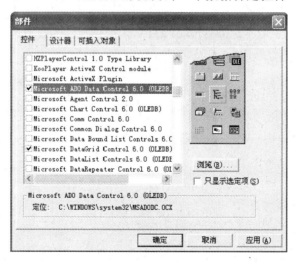

图 11-14　部件对话框

11.4.2　ADO Data 控件的主要属性

使用 ADO 数据控件与数据库建立连接、产生记录集，其关键是设置如下几个属性：

1. ConnectionString 属性

ConnectionString 属性是一个可读写 String 类型,用来设置 ADO 控件与数据源的连接信息,实现 ADO 控件与相应数据库的连接。属性值可以是:OLE DB 文件(.udl)、ODBC 数据源(.dsn)、连接字符串。该属性有 4 个参数,分别是:

Provider:指定建立连接的数据源名称。

File Name:指定与之相连接的数据库文件名。

Remote Privider:用于远程数据服务,指定打开客户端连接时使用的提供者名称。

Remote Server:用于远程服务,指定找开客户端连接时使用的服务器的路径。

如,例 11.15 中,Adodc1 控件的 ConnectionString 属性值为:

Provider＝Microsoft.Jet.OLEDB 4.0;DataSource＝学生管理.mdb

这些参数的设置比较复杂,可利用例 11.15 所示的可视化工具来设置。

2. RecordSource 属性

该属性用来设置与 ADO 连接的数据库中的记录集,即可访问的数据来源,属性值可以是数据库中的表名,也可以是一个 SQL 查询。如图 11-19 所示的"表或存储过程名称"框对应此属性。

3. CommandType 属性

该属性用于指定获取记录源的命令类型,如图 11-19 中的"命令类型"框对应此属性。命令类型有 4 种,如表 11-5 所示:

表 11-5　命令类型

命令类型	含　义
8—adCmUnknown	未知,为系统默认值
1—adCmdText	文本命令类型
2—adCmdTable	数据表
3—adCmdstoredProc	存储过程

4. Mode 属性

该属性用来设定对数据库操作的权限。可取值如表 11-6 所示:

表 11-6　Mode 属性取值

常　　量	说　明
0—adModeUnKnown	操作数据的权限未知或还没有确定(为默认值)
1—adModeRead	权限为只读
2—admodeWrite	权限为只写
3—adModeReadWrite	权限为读/写
4—adModeShareDenyRead	禁止其他用户以读权限打开链接
8—adModeShareDenyWrite	禁止其他用户以写权限打开链接
12—adModeShareExclusive	禁止其他用户打开该链接
16—adModeShareDenyNone	允许其他用户使用任何权限打开链接

11.4.3　RecordSet 对象属性与方法

记录集(RecordSet)对象是使用 ADO 控件访问数据库的重要组成部分,在 Visual Basic 中,数据库中的表不允许直接访问,只可通过 RecordSet 对象对记录进行浏览和操作。因此,RecordSet 对象是浏览和操作数据库的数据重要工具,ADO Data 控件对数据库的操作主要由 RecordSet 对象的属性与方法来实现。RecordSet 对象与表类似,也是由行和列组成,它的内容可以包含一个或多个表的数据。Recordset 的方法与 DAO Data 控件相似,在此不再赘述。其常用属性有:

1. AbsolutePosition 属性

该属性为当前记录指针的值,第 1 条记录 AbsolutePosition 属性值为 1,第 k 条记录 AbsolutePosition 属性值为 k。

2. EOF 和 BOF 属性

记录指针位于第 1 条记录和最后一条记录之间某个位置时,EOF 属性和 BOF 属性皆为 False,记录指针位于第 1 条记录时,再调用 MovePrevious 方法向前移动指针,则 BOF 属性为 True;记录指针位于最后一条记录时,再调用 MoveNext 方法向后移动指针,则 EOF 属性为 True。

因此,EOF 属性用于判断记录指针是否越过尾部;BOF 属性用于判断记录指针是否越过头部。

3. RecordCount 属性

RecordCount 属性是记录集对象中的记录总数,该属性为只读属性。

4. Fields 属性

RecordSet 对象的 Fields 属性是对记录集的某个字段进行操作。Fields 属性也是一个对象,它有自己的属性。通过属性设置来操作字段。

(1) Count 属性:可获取记录集中的字段个数。例如,Adodc1. RecordSet. Field. Count 获取 Adodc1 连接的记录集中字段的个数。

(2) Name 属性:返回字段名。例如,Adodc1. RecordSet. Field(1). Name 获取 Adodc1 连接的记录集中第 2 个字段的名字。第一个字段名下标为 0,以此类推。

(3) Value 属性:查看或更改某个字段的值,也是默认属性。

例如,Adodc1. RecordSet. Field(2)="李三",表示当前记录的姓名字段内容改为"李三"。

例如,显示所有字段名及当前记录所有字段的值,对应的代码为:

```
For i=0 to Adodc1. RecordSet. Field. Count-1
    Print Adodc1. RecordSet. Field(i). Name , Adodc1. RecordSet. Field(i). Value
Next i
```

例 11.14　利用 ADO Data 控件实现对学生信息数据库的数据浏览、编辑、更新等操作。窗体界面如图 11-15 所示。

分析：窗体上包含有一个命令按钮组 Command1(0)～command1(5)，一个标签控件组 Label1，一个文本框按钮组 Text1(0)～Text1(5)，以及一个 ADO Data 控件 Adoc1。设置 Adoc1 控件的 DataBaseName 属性为"学生管理. mdb"；RecordSource 属性为"students"。设置 Text1(0)～Text1(5) 的 "DataSource"属性为"Data1"，它们的"DataField"属性分别设置为学号、姓名、性别、出生日期、政治面貌和所属院系。

图 11-15 窗体运行界面

程序代码如下：

```
Private Sub Command1_Click(Index As Integer)
    Select Case Index
        Case 0
            Adodc1. Recordset. AddNew
        Case 1
            note＝MsgBox("确定删除（Y/N）?", vbYesNo, "删除记录")
            If note＝vbYes Then
                Adodc1. Recordset. Delete
                Adodc1. Recordset. MoveLast
            End If
        Case 2
            Adodc1. Recordset. Update
        Case 3
            If Adodc1. Recordset. BOF Then
                Adodc1. Recordset. MoveFirst
            Else
                Adodc1. Recordset. MovePrevious
            End If
        Case 4
            If Adodc1. Recordset. EOF Then
                Adodc1. Recordset. MoveLast
            Else
                Adodc1. Recordset. MoveNext
            End If
        Case 5
            Unload Me
    End Select
End Sub
```

11.4.3　DataGrid 控件

　　DataGrid 控件是一个以表格形式的数据绑定控件，它通过行和列来显示记录集的记录和字段，用于浏览、编辑数据库表。基本属性如下：

　　（1）DataSoure 属性：绑定某个 Adodc 控件，则显示 Adodc 控件指定的记录集。

　　（2）AllowAddNew 属性：是否允许用户添加新记录。

　　（3）AllowDelete 属性：是否允许用户删除记录。

　　（4）AllowUpdate 属性：是否允许用户修改记录。

　　例 11.15　利用 ADO 的 Data 控件访问数据库"学生管理.mdb"，使用 DataGrid 控件在在窗体上显示数据库的 students 表中所有数据项。

　　步骤如下：

　　（1）建立工程，在窗体中加入 ADO Data 数据控件，DataGrid 网格控件。

　　（2）在 ADO Data 数据控件属性窗口，设置属性 ConnectionString。点击按钮 **...**，打开如图 11-16 所示的"属性页"对话框，选择"使用连接字符串"，点击"生成"按钮，在弹出的"数据链接属性"对话框中，选择"Microsoft Jet 4.0 OLE DB Provider"，如图 11-17 所示。

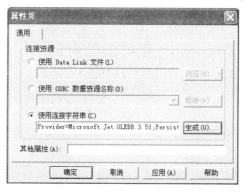

图 11-16　连接资源对话框

图 11-17　设置搜索引擎

（3）点击"下一步"按钮，打开"连接"选项卡，如图 11-18 所示。在"选择或键入数据库名称"下面的文本框中选择"学生管理.mdb"。单击"测试连接"按钮，当出现"测试成功"对话框，点击"确定"按钮，完成 OLE DB 数据库连接操作。

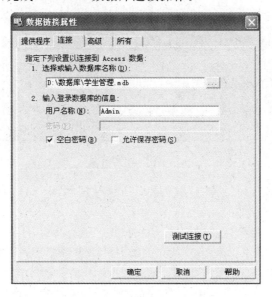

图 11-18　连接到数据库

（4）在 ADO Data 数据控件的属性窗口设置其 RecordSource 属性。点击按钮 **...**，打开如图 11-19 所示的"属性页"对话框。在"命令类型"中选择"2－adCmdTable"，在"表或存储过程名称"中选择表"students"，单击"确定"按钮，完成记录源的设定。

图 11-19　设定记录源对话框

（5）设置控件 DataGrid1 的 DataSource 属性，属性值为"Adodc1"；设置 Caption 属性为"学生基本信息"。

（6）在 DataGrid1 控件上右击鼠标，在弹出的菜单中选择"检索字段"，在接下来弹出的对话框中点击"是"命令按钮，这样表中的所有字段都会在 DataGrid1 控件的列标题中显示出来。

（7）在 DataGrid1 控件上右击鼠标，在弹出的菜单中选择"编辑"，可调节表格中的列宽。

（8）编写 Adodc1 控件的 MoveComplete 事件代码，语句如下：

Adodc1. Caption＝"记录"＆（Adodc1. Recordset. AbsolutePosition）

这样，就可以使 Adodc1 控件对象能够显示当前记录号。至此窗体创建完成。窗体运行界面如图 11-20 所示。

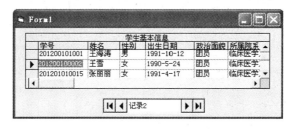

图 11-20　运行效果

例 11.16　设计程序，利用 ADO 数据控件查询数据库。

步骤如下：

（1）新建工程，添加的控件及相关属性如表 11-7 所示：

表 11-7　窗体包含的控件及其属性

对　　象	属　　性	属性值
Label1	Caption	筛选条件
Label2	Caption	查询选择
Command1	Caption	查询
Adodc1	CommandType	1—adcmdtxt
Adodc1	ConnectionString	学生管理.mdb
DataGrid1	DataSource	Adodc1

（2）编写事件代码。

程序代码如下：

```
Private Sub Form_Load()
    Combo1. Text＝""
    Combo1. AddItem "学号"
    Combo1. AddItem "姓名"
    Combo1. AddItem "性别"
    Combo1. AddItem "出生年月"
    Combo1. AddItem "所属院系"
    Combo1. AddItem "政治面貌"
End Sub
Private Sub Command1_Click()
    cond＝Text1. Text
    Select Case Combo1. ListIndex
    Case 0
        Adodc1. RecordSource＝"select * from students where 学号＝" & "'" & cond & "'"
```

```
Case 1
    Adodc1. RecordSource="select * from students where 姓名=" & "'" & cond & "'"
Case 2
    Adodc1. RecordSource="select * from students where 性别=" & "'" & cond & "'"
Case 3
    Adodc1. RecordSource="select * from students where 出生日期=" & "'" & cond & "'"
Case 4
    Adodc1. RecordSource="select * from students where 所属院系=" & "'" & cond & "'"
Case 5
    Adodc1. RecordSource="select * from students where 政治面貌=" & "'" & cond & "'"
End Select
Adodc1. Refresh
End Sub
Private Sub Adodc1_MoveComplete(ByVal adReason As ADODB. EventReasonEnum, _
ByVal pError As ADODB. Error, adStatus As ADODB. EventStatusEnum, ByVal pRecordset _
As ADODB. Recordset)
    Adodc1. Caption="记录" & (Adodc1. Recordset. AbsolutePosition)
End Sub
```

图 11-21　例题 11.16 运行界面

通过本例子可以看出，使用 DataGrid 控件十分方便，几乎不用编写任何代码就可以实现数据库数据的显示。事实上，DataGrid 控件功能十分强大，利用它可以编写十分复杂的数据库应用程序，可以完成添加记录、修改记录、删除记录等操作，甚至可以动态地设置数据源。如有兴趣，读者可以参考其他专业的书籍。

习 题 十 一

一. 选择题

1. 数据库管理系统支持不同的数据模型，常用的三种数据库是_____。

　A. 层次、环状和关系数据库　　　　B. 网状、链状和环状数据库

　C. 层次、网状和关系数据库　　　　D. 层次、链状和网状数据库

2. SQL 的核心功能是_____。

　A. 数据查询　　　B. 数据修改　　　C. 数据定义　　　D. 数据控制

3. SQL 语言是一种_____的语言。

    A. 关系型数据库   B. 网状型数据库   C. 层次型数据库   D. 非关系型数据库

4. SELECT 查询语句中实现查询条件的子句是_____。

    A. FOR   B. WHILE   C. HAVING   D. WHERE

5. SELECT 查询语句中实现分组查询的子句是_____。

    A. ORDER BY   B. GROUP BY   C. HAVING   D. ASC

6. 使用 SELECT 查询语句可以将查询结果排序,排序的短语是_____。

    A. ORDER BY   B. ORDER   C. GROUP BY   D. COUNT

7. Visual Basic 6.0 创建的数据库与 Access 数据库文件的扩展名是_____。

    A. .db   B. .dbf   C. .mdb   D. .dcx

8. Visual Basic 中数据库的访问技术不包括_____。

    A. ADO   B. DAO   C. DBMS   D. RDO

9. Data 控件属性中,_____属性是用来设置访问的数据表的名称的。

    A. DataBaseName B. Connect   C. RecordSource   D. RecordSetType

10. 记录集中移动记录到上一条记录的方法是_____。

    A. MoveFirst   B. Update   C. MoveNext   D. MovePrevrious

11. 将新记录添加到记录集后,保存新记录使用的方法是_____。

    A. AddNew   B. Update   C. CancelUpdate D. Refresh

12. 将一个文本框和数据控件相关联,需要设置的文本框的属性是_____。

    A. RecordSource B. DataField   C. DataSource   D. RecordSetType

二、编程题

1. 利用 Visual Basic 6.0 的可视化数据管理器创建学生成绩管理.mdb,其中包含学生成绩表,其结构如表 11-8 所示。

表 11-8　学生成绩表结构

字段名	类型	字段宽度	索引
学号	Text	12	主索引
姓名	Text	8	
性别	Text	2	
班级	Text	4	
总分	Integer	2	
名次	Integer	2	

2. 分别使用 ADO 控件和 DAO 控件设计一个访问数据库窗体,对上例中创建的数据库表进行浏览、修改、删除、更新、查找等操作。

参考文献

[1] 龚沛曾,杨志强,陆慰民. Visual Basic 程序设计教程[M],第 3 版.北京:高等教育出版社,2007.

[2] 潘地林. Visual Basic 程序设计[M].北京:中国科学技术出版社,2005.

[3] 管会生. Visual Basic 程序设计[M].北京:中国科学技术出版社,2005.

[4] 全国计算机等级考试命题研究组.全国计算机等级考试二级 Visual Basic 语言程序设计[M].北京:电子工业出版社,2008.